JN081205

オオルリ キビタキ サンコウチョウ

Blue-and-White Flycatcher

Narcissus Flycatcher

Japanese Paradise Flycatcher

オオルリ　5月 長野県

写真 ● 吉野俊幸

キヤノン EOS-1D Mark IV／EF600mm F4L IS II USM

絞り：f5.0 シャッタースピード：1/800 ISO：200

Contents

オオルリ　5月 滋賀県
写真 ◉ 水中伸浩
キヤノン EOS-1D X／EF600mm F4L IS Ⅱ USM +1.4x Ⅲ
絞り：f7.1 シャッタースピード：1/1000 ISO：640

日本三鳴鳥の一種
オオルリ
Cyanoptila cyanomelana

オオルリは
雌もさえずる

←必死の叫び

巣に敵が近づいたときなどに…

そのほかのルリーズ

☆ 頭〜背中は
るり色 ✦

☆ 頭〜背中は
るり色 ✦

A
こんな色

るり色って
どんな色？

ルリビタキ

ぼくたち
みんな
るり色？

ルリカケス

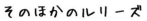

下面は
白い

コルリ

ピーリーリー…ポーピー
ジジッ

Point!
歌の最後にジジッ
という声を出す

日本三鳴鳥

鳴き声が美しい鳥
として選ばれた
日本の3大ボーカリスト

胸からお腹は
白い

ウグイス
いつもヤブの中
露出を嫌う

ホー
ホケキョ

オオルリ
梢が好き
目立ちたがり

ピーリーリー
リリリリィ
ジジッ

コマドリ
あまり人里では
ライブしてくれない

ヒンカララララ

4

落ちた卵の真実

ジュウイチ

渡来初期のなわばり争い

5

声マネしたらモテた

いい歌だな〜なんていう鳥だろう？

オーシーツクツク オーシーツクツク

マネしてみる

これでモテる！

オーシーツクツクツク オーシーツクツクツク

♀

ビタ

ブーン

なぜセミが…

キビタキのナゾの音

ブーン

ブーン

キビタキがなわばり争いしている

ハチみたいな羽音だね

ブーン

ブーン

ブーン

ブーン

止まっても言ってる〜

羽音じゃなかったの？

ブーン

ブーン

長い尾と鳴き声が人気の鳥

サンコウチョウ

Terpsiphone atrocaudata

口の中もエキゾチック

緑

嘴とアイリングは
コバルトブルー

ゴゴゴゴ

なわばり争いの
ときなど興奮すると
冠羽が立つ

頭〜胸は
青みのある
黒色

月日星ホイホイホイ

と聞こえることから 三光鳥

お腹は白色

約30cmの
長───い尾
(中央尾羽)
秋の渡りのときには抜ける

三角錐の巣

細い枝やつるなどの天敵が
近づきにくいところに作る

ぴよーん

雄は抱卵もする
イクメンだが
尾が長すぎて巣から
はみ出してしまう

実際には
という声がよく混じる
「ホイ」も4回以上の
ことも多い

ゲェッ

秋の渡り時には抜けてる

なんか
尾がスゲー長い
やろうがいる
らしいぜ

マジっすか
どこに科っすか

オナガ

エナガ

こーんなに

カササギヒタキ科
ってゆーらしいぜ

あっ
あの気合入った
頭のやつじゃ
ないっすか

何か？

なんだ
たいしたこと
ねーな

たいしたこと
ないっすね

長ーっ!?

？

オスはけっこうイクメン

この巣なら
葉っぱで隠れて
見えないぜ

まあ！
これなら
安心ね

巣

抱卵も手伝うぜ

じゃあ
私は何か
食べてくるわ♡

やっぱり
抱卵は私が
やるわ

え
なんで？

原寸イメージ
写真 ● 水中伸浩

夏の3大ヒタキを徹底解剖

オオルリ

キビタキ 図鑑

サンコウチョウ

「三鳴鳥の一つに数えられる，渓流の青い歌い手オオルリ」「鮮やかな黄色と黒のコントラストが緑に映えるキビタキ」「長い尾羽を優雅に翻し，木々の間を舞うサンコウチョウ」──夏の3大ヒタキとも称されるこの3種はどれも魅力的だ。ここでは分布や亜種，声など，3種のプロフィールを紹介しよう。

文 ● 高木慎介　協力 ● 梅垣佑介，小田谷嘉弥，原 星一
写真 ● 上野信一郎 (Us)，梅垣佑介 (Uy)，高木慎介 (Ts)，原 星一 (Hs)

Profile　たかぎ・しんすけ
1985年，愛知県生まれ・在住の週末バーダー。学生時代を九州で過ごし，渡りの時期はトカラ列島で大量のオオルリとキビタキを観察した。近年は地元の低山でのんびりヒタキ類を観察している。

オオルリ

Cyanoptila cyanomelana
Blue-and-white Flycatcher

【分類】スズメ目 ヒタキ科 オオルリ属
【全長】16〜16.5cm（スズメよりもやや大きい）
【分布】アムール，ウスリー，中国東北部〜中部，朝鮮半島，日本（九州以北）で繁殖し，冬はインドシナ，スマトラ，ジャワ，ボルネオ，フィリピンに渡る。日本には基亜種オオルリ *C. c. cyanomelana* が夏鳥として渡来するほか，亜種チョウセンオオルリ *C. c. cumatilis* とされる記録がある（亜種についてはコラム参照）。
【声】本種はウグイス，コマドリとともに「日本三鳴鳥」と呼ばれており，さえずりは「ヒーリーリー，ジジッ」など。地鳴きは「ヒー」「タッ」「クリリ」など。
【観察のポイント】
- 雄は川沿いの梢の先端などの目立つ場所でさえずるため，さえずりが聞こえたら見つけるのは容易。しかし，多くの場合は高い木の上にいるので，観察中に首が痛くなって難儀する。目線の高さのソングポストを見つけると観察しやすいだろう。

亜種オオルリ雄成鳥夏羽　5月 青森県 (Hs)
額から尾までの上面は紫色味のある瑠璃色で，顔〜胸，脇は黒い。腹から下尾筒は白色

亜種オオルリ雄第1回夏羽　5月 鹿児島県平島 (Ts)
雄の中央の2枚を除く, 尾羽の基部に白色部がある。外側大雨覆の先端に褐色斑のある幼羽が残る。小翼羽, 初列雨覆, 風切も青色味の弱い幼羽。この個体は顔〜胸の黒色部に青色味があるが, 亜種オオルリでもこのような個体は見られる

亜種オオルリ雌成鳥夏羽　5月 愛知県 (Ts)
頭, 喉, 胸と上面はオリーブ褐色で腹から下尾筒は白い。尾の上面は赤色味が強い

亜種オオルリ雌幼羽　6月 愛知県 (Ts)
頭〜背, 雨覆に淡褐色斑がある。雄ではこの時点で翼や腰から尾が青いので性識別が可能。雌幼羽はキビタキ幼羽に似るが, 体がより大きく, がっしりしている。特に嘴が頑強

亜種オオルリ雄第1回冬羽　9月 大阪府 (Uy)
幼羽から第1回冬羽への換羽で体羽と小雨覆, 中雨覆および大雨覆と三列風切の一部だけを換羽する部分換羽を行い, ほとんどの淡褐色斑は認められなくなる。

オオルリの亜種について

『日本鳥類目録改訂第7版』は, 各亜種の分布の記述から, 本種において基亜種と亜種チョウセンオオルリの2亜種を認めていると推測される。しかし, 近年の調査結果から, チョウセンオオルリから過去にシノニム※とされた亜種コマオオルリ *C. c. intermedia* を分割して種オオルリの1亜種とし, さらに亜種チョウセンオオルリを独立種 *C. cumatilis* とするのが世界的な流れとなっており, 国際鳥類学会議 (IOC) のリスト (v11.1) などはこの分類を採用している。

IOC の分類に従う場合, オオルリ上種の繁殖分布は亜種オオルリが日本と韓国, 亜種コマオオルリがアムール, ウスリー, 中国東北部, 北朝鮮, チョウセンオオルリが中国中部となる。これらの雌は酷似するが, 雄の羽色はそれぞれ異なるとされる (写真キャプション参照)。日本では, 亜種コマオオルリと羽色が一致する個体が記録されている。(高木慎介)

※同一とされる種や属に, 異なる複数の学名が付けられること。異名

亜種 'コマオオルリ'? 雄成鳥夏羽
4月 鹿児島県平島 (Us)
この個体は IOC の分類における亜種コマオオルリに該当する羽色である。上面は亜種オオルリよりも淡色で緑色味を帯び, 顔〜胸も青色味がある。IOC 分類での別種チョウセンオオルリは, 青色部の緑色味がより強く, 眼先を除く顔〜胸は青, もしくは青緑色で上面とのコントラストが弱く, 喉〜胸, 背〜上尾筒, 肩羽に黒い縦斑があることが多い。亜種オオルリと亜種コマオオルリには中間的な個体が存在するといわれ, 識別は難しい

キビタキ

Ficedula narcissina
Narcissus Flycatcher

【分類】スズメ目 ヒタキ科 キビタキ属
【全長】13.5cm（スズメより小さい）
【分布】サハリン, 日本, 中国東北部で繁殖し, 冬季は中国南部, インドシナ, マレー半島, ボルネオ, フィリピンに渡る。3亜種あり, 日本では基亜種キビタキ *F. n. narcissina* が夏鳥として九州以北に渡来するほか, 亜種リュウキュウキビタキ *F. n. owstoni* が屋久島, 種子島, トカラ列島には夏鳥として, 奄美以南の南西諸島には留鳥として分布する。渡り性のある屋久島, 種子島, トカラ列島の個体群と思われるリュウキュウキビタキが, 九州南部などで記録されている。
【声】亜種キビタキは「ピチュリーピリリ ピッコロロロ」など, さまざまなバリエーションの声でさえずる。他種の声を取り入れてさえずることもある。一方, リュウキュウキビタキは「ヒーヒョイヒー」など, 比較的単調にさえずる。地鳴きは「ピッ」「ティッ」「クリリ」など。
【観察のポイント】
・本種の雌や第1回冬羽はオオルリの雌と似ており, ベテランでもしばしば間違うことがある。羽色のほか, 体形にも注目して識別したい。

亜種キビタキ雄成鳥夏羽　5月 鹿児島県平島 (Ts)
雄は上面は黒く, 眉斑, 腰, 腮（さい）から腹は黄色。腮から喉は橙色味のある個体が多い。雨覆の一部が白く, 白斑となって目立つ

亜種キビタキ雄成鳥夏羽　4月 長崎県 (Ts)
亜種キビタキにおいても, 三列風切外弁の羽縁に白色部がある個体が稀に見られる

亜種キビタキ雄第1回夏羽　5月 鹿児島県平島 (Ts)
後頭, 肩羽, 小翼羽, 初列雨覆, 外側大雨覆, 風切, 尾羽に褐色の幼羽
が残る。雄第1回夏羽の幼羽の範囲には個体差がある

亜種キビタキ雄第1回夏羽　5月 鹿児島県平島 (Ts)
この個体は後頭と外側大雨覆, 初列雨覆, 小翼羽, 初列風切, 次列風切が
褐色の幼羽。頭から背にかけての黒色部にオリーブ色味があるが, 眉斑
と三列風切の特徴からこの個体は亜種キビタキと考えられる

亜種キビタキ雌第1回夏羽　5月 石川県舳倉島 (Ts)
雌は額から腰までの上面がオリーブ褐色で, 上尾筒から尾は茶褐色。
下面は汚白色。オオルリに似るが, 上面のオリーブ色味が強い点, 体
が小さく, 寸詰まりに見える点が異なる。中雨覆, 大雨覆, 初列雨
覆, 小翼羽, 風切, 尾羽は褐色で摩耗の激しい幼羽

亜種キビタキ幼羽　6月 愛知県 (Ts)
頭から背, 雨覆に淡褐色斑がある。幼羽から第1回冬羽への換羽は体
羽, 小雨覆, 中雨覆, 大雨覆, 三列風切の一部だけを換羽する部分換羽
で, ほとんどの淡褐色斑が見られなくなる点はオオルリ同様。しかし, キ
ビタキでは一般的に第1回冬羽までは雌雄ともに雌成鳥に似た外見で,
性識別はできない

亜種リュウキュウキビタキ雄成鳥夏羽　4月 鹿児島県平島 (Us)
亜種キビタキより上面に緑色味があり, 下面の黄色部の橙色味が弱
い。眉斑は鼻孔に達し, 三列風切外弁の羽縁は白い。体も少し小さい

亜種リュウキュウキビタキ雌夏羽
4月 沖縄県沖縄島　撮影 ● 渡久地 豊
亜種キビタキより上面に緑色味があり, 下面もやや黄色味がある

原寸イメージ
写真 ● 水中伸浩

サンコウチョウ

Terpsiphone atrocaudata
Japanese Paradise Flycatcher

【分類】スズメ目 カササギヒタキ科 サンコウチョウ属

【全長】雄44.5cm（長尾），雌17.5cm

【分布】韓国，本州以南の日本，蘭嶼島（台湾の属島），バタン島（フィリピン北方の離島）で繁殖し，冬季は中国南部，インドシナ，マレー半島，スマトラに渡る。3亜種あり，日本には本州〜屋久島に基亜種サンコウチョウ *T. a. atrocaudata* が，トカラ列島以南の南西諸島に亜種リュウキュウサンコウチョウ *T. a. illex* が渡来する。

【声】さえずりは「フィーチィ，ホイホイホイ」で，「月日星ホイホイホイ」と聞きなされ，"三光鳥"の和名の語源となった。地鳴きは「ゲェ」や「ギュィ」など。

【観察のポイント】

- 亜種サンコウチョウはスギなどの植林地と広葉樹林の境界的なエリアを好み，沢の頭上の枝やつるにコケなどを絡めて作った巣を掛けることが多い。
- 晩夏〜秋にはカラ類の混群に混じっていることがある。
- 本種の属するカササギヒタキ科はかつて，ヒタキ科と近縁とされてきたが，近年ではモズやオウチュウにより近いことがわかっている。近年出版された図鑑ではヒタキ科の近くに載っていないので注意。

亜種サンコウチョウ雄成鳥　6月 愛知県 (Ts)
雄は頭から胸が黒く，冠羽が発達する。背以下の上面は紫褐色。腹以下の下面は白い。雄成鳥は中央尾羽が極めて長い。この長い尾羽は渡去前に脱落する。この羽衣に達するのに第3回冬羽までかかると言われていたが，生まれた翌年にこの羽衣になるものもいるようだ

亜種サンコウチョウ雄第1回夏羽　7月 岐阜県 (Hs)
雌に似た，上面が茶色で尾の短い雄は前年生まれとされる。雌よりアイリングが太く鮮やかで，頭の色が濃く，体上面も暗色で光沢がある傾向があるが，識別は難しい

亜種サンコウチョウ雄　6月 岐阜県 (Hs)
体上面が紫褐色で尾の短い雄も見られる。尾が長くなる前の過渡的な羽衣のようにも思えるが，飼育下で第3回冬羽でも中央尾羽が短い個体の例があり，逆に前年生まれで尾が長く，体上面が紫褐色の個体が確認されていることから，実態はかなり複雑なようだ。更なる調査が待たれる

亜種サンコウチョウ雌成鳥　7月 鹿児島県 (Ts)
雌は背からの上面が茶褐色で，雄よりアイリングが細い傾向。中央尾羽の長さもほかの尾羽と同程度。コケなどを枝に絡めて杯状の巣を作る。この個体は尾の長い雄とペアリングしていた

亜種サンコウチョウ雌第1回夏羽　7月 岐阜県 (Hs)
雄第1回夏羽の写真の個体とペアリングしていた雌。顔から胸の黒色味が弱く，背以下の茶褐色も鮮やかさに欠け，冠羽も短いので若い個体だろう。アイリングも細い

亜種リュウキュウサンコウチョウ雄成鳥　7月 鹿児島県悪石島 (Ts)
基亜種と比べ，やや小さく，背の色もやや暗色だとされるが野外識別は困難

夏のヒタキ類
探し方
ガイド

オオルリ キビタキ サンコウチョウ

枝先でさえずるオオルリ。白い腹がよく目立つ

文・写真 ● 中野泰敬

Profile なかの・やすのり
学生時代から野鳥に興味をもちはじめ、野鳥写真を扱うフォトライブラリーに入社。野鳥カメラマンの道へ進む。現在は、㈱ワイバードの専属ガイドとして国内外で野鳥の案内をする。著書に『季節とフィールドから鳥が見つかる』(小社刊)、共著に『日本の野鳥識別図鑑』(誠文堂新光社)がある。

オオルリ，キビタキ，サンコウチョウを見つけるために最も重要なのは，鳴き声を覚えることだ。繁殖期である初夏から夏，林の中は木々の葉が茂り，鳥の姿は見つけにくく，鳴き声でその存在に気づくことがほとんどである。どの種も特徴的で覚えやすい鳴き声なので，彼らの好む環境を歩いて耳で探してみよう。ここでは，鳥ごとに見つけ方のポイントを紹介する。

オオルリ
Blue-and-white Flycatcher

 どんな環境にいる？

オオルリは，崖地のくぼみなどを利用して巣を作り，巣材には大量の苔を使用する。日本では，そのような場所は渓流沿いに多く見られるため，オオルリの好む環境は渓流沿いとなる。丘陵地から亜高山帯までと，比較的生息域が広い。これは，やはり巣を作る場所と巣材が関係しているのであろう。

 耳を澄ます

オオルリは割と見つけやすい鳥だ。木の梢でさえずることが多く，長い時間，1か所に留まってくれる。さえずりにはバリエーションがあり，個体によって鳴き方が異なるが，張りのある大きな声で「ピリュピピピピ」や「ピリュジジジジ」などと鳴き，最後に「ジジッ」と付けるのが特徴である。難点は，木の梢でさえずるため見上げることになり，お腹の白い部分しか見えないことが

枝の梢でさえずる雄

多い点。逆にいえば，さえずりが聞こえたら，木の梢を「白いもの，白いもの」と思いながら探せば見つかるということだ。林では，青い色より白い色のほうが圧倒的に目立つので，見つかる確率も高くなる。

探すポイント

とはいえ，オオルリの最大の特徴は頭部から背のるり色だ。その色を見なければ満足しないという気持ちもよくわかる。そこでるり色のオオルリの探し方を述べておこう。

オオルリは，渓流沿いの遊歩道や車道を歩いて探すことが多い。片側が渓流，もう片側が山という環境だ。山側は見上げなければならないが，渓流側はそれほどでもない。さらに渓流側が深い谷になっていれば，谷から生えた木の梢が目線の高さになる場合が多く，オオルリの上面がよく見えるようになる。さらにさらに，渓流にかかる橋の上からだと，オオルリがさえずっている場所が目線より下という場合も少なくない。頭部の青さと，体上面の青さの違いがわかる瞬間だ。オオルリを探し出すのはそれほど難しいことではないので，どのような環境で探すのかが重要になってくるだろう。

渡り

オオルリは夏鳥として日本に渡ってくるので，春と秋の渡りの時期は街なかの公園の林や雑木林で羽を休めているところに出会うチャンスである。時期は，春であれば4月下旬〜5月上旬，秋であれば9月中旬〜10月いっぱい。秋は実がなっている木の実にも注意を払っておこう。

オオルリが好む渓谷

深い谷の遊歩道では上面の瑠璃色がよく見える

渓谷の橋からは頭部まで見え，背の青さとの違いがよくわかる

渡り途中の雄

雌

17

 どんな環境にいる？

キビタキは，樹洞や木のくぼみなどに巣を作ることが多く，巣材に広葉樹の落ち葉を使うため，最も好む環境は落葉広葉樹林である。特に，樹洞ができやすいブナ林には数が多い。しかし，野鳥は環境の変化に順応しながら生きており，針葉樹林の中に落葉広葉樹が多少混じっていれば，そのような環境でも生息している。ざっくりいうならば，丘陵地から1,000m前後の山地で見られることになる。

耳を澄ます

キビタキは，「ピップリュ，ピッポロロ，ピッポロロ」や「ピップリュ，オーシーツククツク，オーシーツク

ツク」などとさえずる。鳴き方にはバリエーションがあり，個体によっても違いがある。だが，出だしの「ピップリュ」という部分は，どの個体にも共通した鳴き声のようなので，この鳴き声だけはぜひ覚えておきたい。

探すポイント

キビタキのさえずりが聞こえたら，林の中を探してみよう。林の中間層を好み，葉が少ない横枝や，枯れた横枝で鳴いていることが多い。前を向いても，後ろを向いても，キビタキの喉から腹の黄色，背の黄色は林の中でもよく目立つため，「黄色，黄色」と思いながら探していれば見つかるだろう。

しかし，キビタキは1か所に長く

留まってさえずるタイプではなく，点々と場所を移動しながらさえずることが多いので，声で方向を探ることも重要になってくる。林の中でさえずるお気に入りの場所，いわゆるソングポストを数か所もっているので，もし飛び去ってしまっても，少し待っていればまた戻ってくる可能性が高い。別荘地帯などでは電線に止まって鳴いていることも少なくないし，時には木の梢で鳴いていることもあるので，声からしっかり探ってみよう。

野鳥には，さえずりのほかに種間同士のコミュニケーションとしての地鳴きという鳴き方がある。キビタキは，この地鳴きの声をよく出す鳥だ。「ヒッ，ヒッ，ヒッ」と鳴き，その後早口に「クリクリクリ」という

キビタキ

Narcissus Flycatcher

林の中間層の枯れ枝でさえずる雄

林の中間層の枝葉が少ないすっきりした枝でさえずる

渡ってきたばかりの新緑の時期が最も見つけやすい

けんかする雄。このときはヒッヒッという声をよく出す

雌

リュウキュウキビタキ

声を出す。この声は警戒していると きや, 雄同士のけんか, 雄が雌に求 愛しているときなどによく発せられ る。キビタキの存在がわかるだけで なく, さまざまな行動を見るチャン スにもなるので, この声もさえずり とともに覚えておきたい。

渡り

今まで繁殖期のキビタキについ て話してきたが, キビタキは渡り鳥 なので, 春や秋の渡りの途中には, 街なかの公園の林に立ち寄ることも 多い。春であれば4月下旬〜5月上 旬あたりが渡りのピークになる。早 朝, 公園の林に出向けば, さえずり が聞かれるかもしれない。秋の渡り は長く, 9月中旬〜10月いっぱいま で続く。秋は木の実も好んで食べる ため, ミズキなどの秋に熟す木の実 にも注目しよう。

亜種

夏鳥として渡ってくるキビタキと は別に, 日本には渡りをしないリュ ウキュウキビタキという亜種が南西 諸島に生息している。喉の赤色味 がなく, 体上面にやや緑色味がある のが特徴だ。南西諸島の林は暗く, それこそさえずりが聞こえてこなけ れば探すのは困難。もしさえずりが 聞こえたとしても林が暗いため, や はり見つけるのは難しいかもしれな い。それだけに, 見つけたときの喜 びは大きい。さえずりはキビタキと は異なり, 「ピューピッ」とか「ピュ ルリーピッ」と短め。まずはこの声 をしっかり覚えて探してみよう。

キビタキが好むブナ林

落葉広葉樹林

サンコウチョウ

Japanese Paradise Flycatcher

薄暗い場所を好むため, 見つけるのは困難だ

🌲 どんな環境にいる？

サンコウチョウは, スギの皮とクモの糸を使って巣を仕上げる。そのため, 丘陵地から山地のスギの木が混じる針広混交林という薄暗い林に生息する。特に, 林の内部, もしくは林縁部に沢がある環境が最も好むようなので, サンコウチョウを探すときには, まず沢を探し, 沢沿いの針広混交林を歩きながら声を拾うというやり方がよいだろう。

🔊 耳を澄ます

さえずりは早口に「ツキヒホシ, ホイホイホイ」という鳴き声で, かなり特徴があるので, 一度聞けば必ず覚えられる。また, さえずる前に「ギッ, ギッ」という声も出し, 単独に「ギッ, ギッ」とだけ鳴くことも多々あるので, この鳴き方もしっかり覚えておきたい。頻繁にさえ

ずらない鳥ではあるが, 渡ってきたばかりの5月中旬～6月初旬ごろまでが, 最もさえずる期間である。枝から枝へ移り渡り, 「ホイホイホイ」と鳴き, 1か所に留まることは少ない。また, 雌も雄と同じようにさえずるので, 頭に入れておこう。あまりさえずらないのは, 個体数が少なく生息密度が低いからだろう。サンコウチョウだけでなく, ほかの鳥も近所に同種がいないとさえずりが少なくなるようだ。

▶️ 探すポイント

今回紹介した3種の中では, サンコウチョウが最も見つけづらい鳥といえる。暗い林を好み, なおかつ渡来するころは木々の葉が広がりはじめ, 林の中はいっそう暗さが増す。さらに林の中だけを飛び回ることが多いので, 林縁部での観察が困難だ。探そうとすると, どうしても林の中へ入り込まなければならない。また, キビタキやオオルリのよう

サンコウチョウが好む薄暗い林　　　　沢がある環境

20

に，頻繁にさえずってくれないことも見つけるのを困難にしている。

渡り

サンコウチョウの渡りは若干遅く，5月中旬以降になり，木々の葉が広がりはじめているころである。

キビタキやオオルリと同じく，渡り途中には街なかの公園の林や雑木林を通過していくが，そのときも薄暗い林を好む。春であればさえずることがあるので探せるかもしれないが，秋はほとんど鳴かないので，探すのは困難を極める。

亜種

筆者は，毎年夏になると沖縄県の宮古島を訪れている。南西諸島には本州で見られる亜種リュウキュウサンコウチョウが生息している。姿形，さえずりはサンコウチョウとほぼ同じである。一つの林に何つがいも生息しており，一日を通して頻繁にさえずりが聞かれる。サンコウチョウをどうしても見たければ，南西諸島がおすすめである。

リュウキュウサンコウチョウ

雌

尾の短い雄，まだ若い個体と思われる

テングチョウを捕まえる

コオロギだろうか，虫を捕まえたリュウキュウサンコウチョウ

枝に止まり虫を探すコサメビタキ

コサメビタキとサメビタキ

夏鳥のヒタキ類の中には，キビタキやオオルリのような派手さはないが，目がくりくりしていてかわいいと人気のあるコサメビタキとサメビタキがいる。コサメビタキは丘陵地から山地に生息し，サメビタキは亜高山帯に生息している。うまくすみ分けをしているが，数はコサメビタキのほうが多く，見る機会も多い。両種とも飛んでいる虫を飛びながら捕らえること（フライキャッチ）を特技としており，木の梢に止まって，虫を見つけては捕らえて元の場所に戻るという習性がある。一度見つけてしまえば何度も見ることが可能だ。

しかし，この2種の手強いところは，地味な色彩なので見つけづらいことだ。加えて，さえずりも地味である。春先，ジョウビタキやカシラダカ，ツグミなどの冬鳥が，渡去前

に「グチュグチュグチュグチュ」と小声でさえずることがある。これを「ぐぜり」と呼ぶが，サメビタキとコサメビタキのさえずりは，まさにこ

さえずるコサメビタキ

のぐぜりに近いのである。さえずりが小声なうえに，あまり特徴がないため聞き逃してしまうことも多く，見逃してしまいがちになるので，探鳥の前にはCDなどでしっかり声を覚えて出かけたい。

また，鳴き声ではないが，飛ん

枝先に止まり虫を探すサメビタキ

でいる虫を捕らえたときに「パチッ」っと嘴が合わさる音がする。この音も探す際の重要な手がかりになる。

　サメビタキ類も春秋の渡りの際には，街なかの公園や雑木林を通過する。その際もフライキャッチをす

るので，その行動でわかるだろう。また秋には，ほかのヒタキ類と同様に，ミズキなどの木の実をよく食べるので，秋に熟す実は要チェックである。

鳥が好む秋の木の実

これらの木々にもいろいろな鳥が集まってくるので，気をつけて見てみよう。

サンショウ

タラノキ

羽づくろいするサメビタキ

ツルマサキ

ミズキ

オオルリの"青"，キビタキの"黄"はどこにある？
オオルリ・キビタキの
羽毛の謎

文・写真 ● 新谷亮太

Profile しんや・りょうた
中学生のころに羽に興味をもち，そのまま大人へ。せっかく集めているので，データ化してfeatherbaseにアップしている。現在は羽を拾った瞬間に種を特定できるノウハウを，どうやって人に伝えていこうかを模索中。

キビタキとオオルリ——初夏の山でさえずる，鮮やかな小鳥の代表だ。姿が鮮やかなのだから，羽毛も全身が美しく鮮やかだと想像する人も多いかもしれない。では，この両種はどんな羽毛なのか，ふだんあまり見ることのない羽毛標本で紹介しよう。

翼は黄色くない——キビタキ

（写真2）の羽毛は亜種キビタキ雄成鳥の翼を展開したものだ。キビタキの特徴ともいえる鮮やかな黄色い羽毛は一切含まれず，白と黒のみである。風切を1枚拾っても，これがキビタキだとはイメージできないだろう。また，翼の白斑は雨覆の一部や三列風切の外弁で構成されている。

キビタキの黄色い羽毛は腹や背中，上尾筒などの体羽のみであり，基本は雄の第1回夏羽以降に生えてくる。幼羽や第1回冬羽の羽毛を拾う機会は多いが，茶色で地味なため，それがキビタキだと識別することは難しい（写真3）。

亜種の比較

キビタキにはいくつかの亜種が知られている。ここでは亜種キビタキ（写真2）と亜種リュウキュウキビタキ（写真4）の羽根を比べてみよう。まず両亜種の風切を比較すると，大きさが異なることがわかる。最長のP6で亜種キビタキが71mm，亜種リュウキュウキビタキが61mmであった。亜種キビタキ雄の翼長は74〜81.5mm，亜種

1 色鮮やかな鳥というと，この写真のような鮮やかな羽毛を想像してしまうが，実際はどうなのだろうか

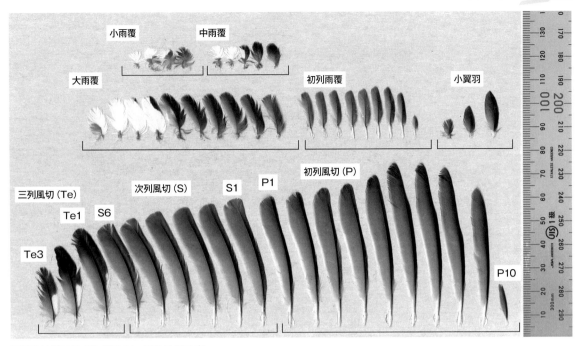

2 亜種キビタキ雄成鳥（翼のみ）　提供 ● 関口 森

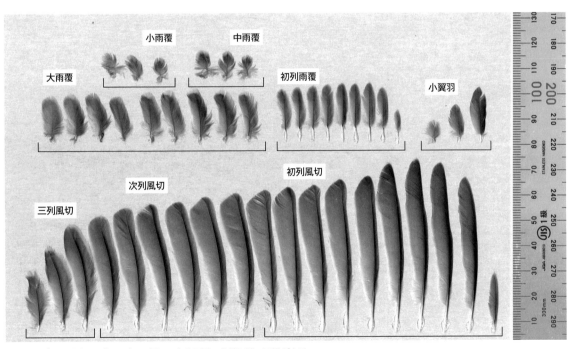

3 亜種キビタキ雌雄不明第1回冬羽（翼のみ）大雨覆の先端に淡い羽縁がある

リュウキュウキビタキ雄は66〜70mm
であり，亜種キビタキのほうが翼が長
いことが知られている（写真5）。これ
は亜種キビタキが渡りをすることに関
係している。
　また，現在の分類では亜種リュウ
キュウキビタキとしてまとめられてい

るが，かつて屋久島や種子島などに生
息するとされた亜種ヤクシマキビタ
キ *F. n. jakuschima* は渡りを行うこ
とが知られ，雄の翼長は72〜75.5mm
ある。同様にかつて奄美群島に生息
するとされた亜種アマミキビタキ*F. n.
shonis* は渡りを行わないとされ，雄の

翼長は69.5〜72mm だ。このように
渡りを行う2亜種（亜種キビタキと亜
種ヤクシマキビタキ）の翼長が長いこ
とがわかる。今回は比較していない
が，雌の翼長でも同様の傾向が見られ
る。いつかこの4亜種の羽を並べて比
較してみたい。

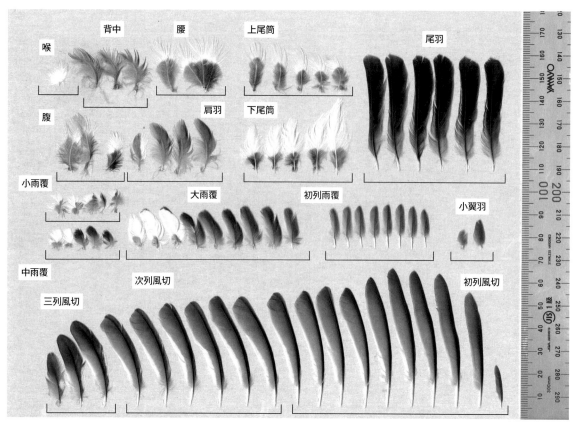

4 亜種リュウキュウキビタキ雄成鳥（西表島産）

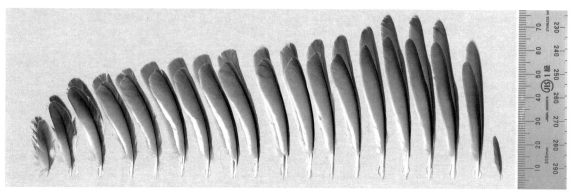

5 亜種キビタキ雄（奥）と亜種リュウキュウキビタキ雄（手前）の風切を重ねて比較

翼は青く，尾も青い──オオルリ

オオルリはキビタキとは異なり，大雨覆などの翼の部位も青くなっている（写真6）。わかりにくいが風切の外弁も青く，これらが重なることで静止時でも翼が青く見える。オオルリ雄は基本的に幼羽から青い羽毛が生え，幼鳥よりも成鳥のほうがより濃い青色となる。青い羽毛の期間が長いため，鮮やかな羽毛はキビタキよりも拾う機会が多く，また風切や尾羽などの大きな羽毛にも青色が入っているため，拾ったときにオオルリと気づける。

その中でも筆者が特に美しく感じるのは，白色部が青色と黒色を際立たせている雄の尾羽である。ふだんは上尾筒などに隠れているが，尾羽を広げたときなどに，その白色部を見ることができる。尾羽単体で見ると中央尾羽以外は約半分が白色であり，国内ではほかに見間違う種類はいない。

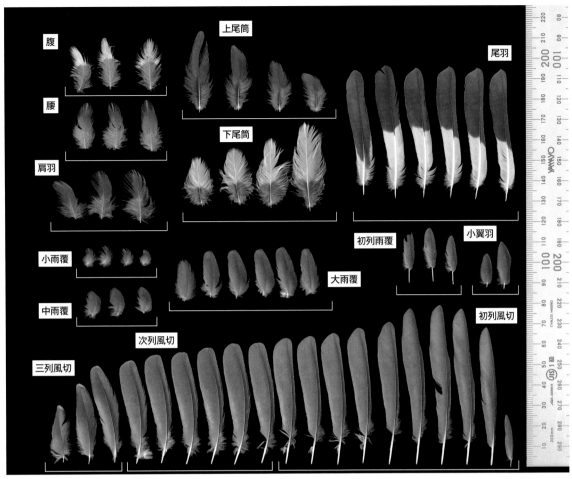

6 オオルリ雄第1回冬羽　提供 ● 市原晨太郎

腹

上尾筒

尾羽

腰

下尾筒

肩羽

初列雨覆

小翼羽

小雨覆

大雨覆

中雨覆

初列風切

次列風切

三列風切

　今回は掲載していないが，雌の羽毛は全体的に茶色一色で，非常に地味である。ほかのヒタキ類と比べると全体的に少し大きい，茶色が濃いなどの違いはあるが，1枚の羽毛を拾っただけでは識別するのは難しい。

羽毛を青く見せるもの

　羽毛は，羽軸から羽枝が生え，さらにその羽枝から小羽枝が生える構造をしている。オオルリの青い羽毛を細部まで見ると，羽枝のみ青く，小羽枝は黒いことがわかる（写真7）。全体的に青色ではなく，青と黒のストライプ模様に見えて非常に美しいが，これを肉眼で見るのは困難である。

　また，羽毛の色彩は色素や構造色で発色していることが知られている。

　キビタキの黄色はカロテノイド色素によるものと思われ，オオルリの青色は構造色だ。構造色とは光を反射させる特殊な物理構造であり，人の目には青く見えているが，色素ではない。そのため，その物理構造を壊すことで

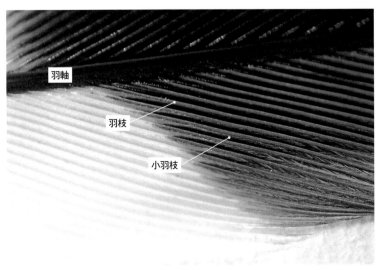

羽軸

羽枝

小羽枝

7 オオルリ雄の尾羽の拡大。羽枝が青色の部分の小羽枝は黒色とわかる

27

8 構造色を叩いて壊したオオルリの肩羽。羽枝が一部ちぎれてしまい，鮮やかな青色は鈍くなったことがわかる

9 栄養不足と思われるオオルリ雄成鳥。中央尾羽は短く曲がり，白色部も欠いている。尾羽や肩には青色が出ているが，風切や大雨覆のほとんどが青く輝いていない

光の屈折率が変わり，青く輝かなくなる。（写真8）。

オオルリに限った話ではないが，飼育下などでは栄養不足により，羽衣の色が変化することが知られている。栄養失調個体と思われるオオルリ雄成鳥の羽毛を筆者は手にしたことがあるが，尾羽の白斑を欠き，上尾筒はほぼ黒色，風切の青色もまばらであった（写真9）。構造色を発色するための微細な物理構造が形成できていないものと思われる。また，雌の雄化個体などでも通常とは異なった配色をしている場合がある。そういった個体は稀ではあるが，野外で拾った場合は種の同定に注意したい。

オオルリとキビタキの羽毛を拾うには

両種の羽毛を拾うには，繁殖していると思われる森へ足しげく通えばもちろん可能だ。しかし，森の中は薄暗く，下草が生い茂るため，非常に見つけにくいのも事実である。外敵に襲われるなどの理由で，羽毛が散乱している現場を見つけない限り，実際には拾うのはとても難しい。

筆者の経験から，拾える確率が高いのは渡りの時期の離島や都市公園で，特に整備された都市公園は林床も明るく，見つけやすい。ただし，雌や幼鳥などは地味な羽衣なので，同定は慎重に行いたい。

羽毛を拾った際は，中性洗剤等でしっかりと洗い，ドライヤーの弱風や送風で形を整えながら乾かす。乾いたらチャック付きポリ袋に採取日と場所を記載したラベルと一緒に入れて保管するとよい。そうすることで立派な標本となる。

羽毛がある程度が揃っているのであれば世界の鳥の羽根を集めたデータベース「featherbase」※に登録するのもいいだろう。個人で所有しているとほかの人は見ることができないが，登録することで誰でもその標本を利用でき，市民科学に貢献することができる。またサイト上で自分の標本と類似種を比較することもできる。

きれいな羽毛は拾っただけでうれしくなり，記念にもなる。羽毛を見返して，当時の情景を思い浮かべてみるのも楽しいだろう。本稿がその手助けとなれば幸いである。

※https://www.featherbase.info/ja/home

【参考文献】
清棲幸保（1978）. 増補改訂版　日本鳥類大図鑑Ⅰ. 講談社.
財団法人山階鳥類研究所（2009）. オオルリ（*Cyanoptila cyanomelana*）キビタキ（*Ficedula narcissina*）識別マニュアル. 環境省自然環境局野生生物課鳥獣保護業務室.
フランク・B. ギル（2009）　鳥類. 新樹社.
徐敬善（2018）生態図鑑オオルリ. バードリサーチニュース.（https://db3.bird-research.jp/news/201807-no2/）

サンコウチョウの羽毛は拾えない

　筆者は20年ほど羽毛を収集しているが、サンコウチョウの羽毛は1枚しか拾ったことがない。それも西表島の林道の奥地で、リュウキュウサンコウチョウと思われる三列風切1枚のみだ。とにかくサンコウチョウの羽毛は拾えない。今回、本稿にも掲載したく、羽仲間に声を掛けたのだが誰も所有していなかった。なぜ本種の羽毛は拾えないのか。羽屋目線で推測してみた。

①個体数の少なさ・見つけづらさ

　サンコウチョウは薄暗い環境を好むため、山や森林公園などの遊歩道沿いになかなか出てこないと考えられる。つまり、遊歩道などから外れた、人が立ち入らないような暗い林内で、換羽や外敵による襲撃によって羽を落としているのではないだろうか？　感覚的なものではあるが、ほかのヒタキ類などと比べても、サンコウチョウは見る個体数が少なく感じる。

②サンコウチョウの羽毛の知名度

　"長い中央尾羽"のイメージが強すぎて、ほかの部位を知っている人が少ないのも、羽毛が見つからない要因と思われる。例えば、風切にはそこまで特徴的な模様が入っているわけでもないため、羽毛に精通している人でなければ、それがサンコウチョウだとは気づかずそのまま放置、

なんてことも考えられる。今まで国内で出版されていた羽図鑑のうち、サンコウチョウの中央尾羽以外が掲載されているものは『決定版日本の野鳥　羽根図鑑』（世界文化社）と『BIRDER SPECIAL羽根識別マニュアル』（小社刊）のみである。そして掲載サイズの関係で、サンコウチョウ特有の模様や質感がちょっとわかりにくい。野外で拾った羽毛を図鑑と照らし合わせても、サンコウチョウだと確信するのは難しそうだ（featherbaseには近縁種カワリサンコウチョウ *Terpsiphone paradisi* が載っている）※。

　以上の点を総合的に考えると、①開けた環境に、②中央尾羽を落とす——そういった偶然が起こらなければ一般バーダーは拾えないということになる。羽屋もあこがれのサンコウチョウの羽、写真10のカワリサンコウチョウに似ている羽毛を見つけたら、サンコウチョウかも、と疑っていただきたい。

※https://www.featherbase.info/jp/species/terpsiphone/paradisi

【参考文献】
叶内拓哉・高田勝 (2018). 原寸大写真図鑑 羽 増補改訂版. 文一総合出版.
藤井幹 (2020).BIRDER SPECIAL 羽根識別マニュアル. 文一総合出版.
邑井良守・藤井幹・川上和人 (2011). 動物遺物学の世界にようこそ！〜獣毛・羽根・鳥骨編〜. 里の生き物研究会.
笹川昭雄 (2011). 決定版日本の野鳥 羽根図鑑. 世界文化社.

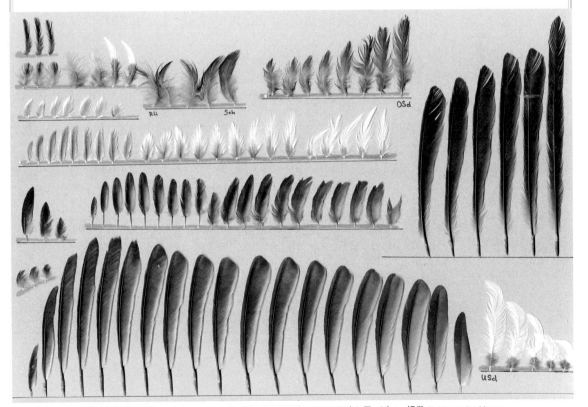

10 近縁種のカワリサンコウチョウ *Terpsiphone paradise* 雄。サンコウチョウはもう少し黒っぽい　　提供 ● Alexander Haase

オオルリ
Blue-and-white Flycatcher

オオルリは青く端麗な姿もさることながら，古くからウグイス，コマドリとともに「日本三鳴鳥」の1つに数えられ，そのさえずりの美しさも多くの人を虜にしてきた。

文・音声 ● 松田道生

Profile まつだ・みちお
公益財団法人日本野鳥の会理事。野鳥の声に関しては『日本野鳥大鑑 鳴き声420』（小学館／2001年）の共同執筆，『野鳥を録る』（東洋館出版社／2004年）を執筆，現在放送中の文化放送「朝の小鳥」の収録構成，近著では『鳥はなぜ鳴く？ホーホケキョの科学』（理論社）がある。野鳥録音のサイト▶ http://www.birdcafe.net/index/syrinx-index.htm　syrinxブログ編▶ http://syrinxmm.cocolog-nifty.com/syrinx/

6月 兵庫県神戸市　写真 ● 渡辺美郎

美声は耳でなく「脳が聞き取っていた」

野鳥の鳴き声の録音を始めたばかりのころ，栃木県日光市の東武日光駅や国鉄（現JR）日光駅からも近い小倉山でオオルリがさえずっている姿を見つけた。

当時は，磁気テープに収録するレコーダー（DATレコーダー）にガンマイクといったスタイルだ。オオルリのさえずりに聞き惚れながら，さっそくマイクを向けた。しかし，家に帰ってテープを再生してみると「ゴーッ」という音の中に，かすかにオオルリの「ヒリーリーリ」というさえずりが聞こえるだけだった。ただ鳴き声の方向にマイクを向ければ録れるというものではなかったのだ。

野鳥録音を始めると，最初は誰も

が同じような体験をする。そしてマイクが悪い，録音機に問題があるのでは……と思ってしまいがちだ。筆者もこのときはガンマイクの性能を疑った。だが，間もなく「聞こえる音」と「録音される音」ではまったく違うことがわかった。録音機は風の音や木の枝葉が擦れ合う音といった，同時に流れている環境音も自然のまま正直に拾ってくれる。つまり，筆者の脳の中では，大好きなオオルリのさえずりだけがフル回転して増幅され，いらない環境音はカットしてくれていたのだ。耳ではなく，「脳で聞いていた」ということである。

このあたりのカラクリというか，録音の理論のようなものがわかってきたころ，同じく日光で，ある日の夕方，モミの木のてっぺんでさえ

ずるオオルリに遭遇，今度は周囲にステレオマイクを置き，長いマイクコードを引いて離れた岩の上に座って録音を開始した。

しばらく経つと，夏の日光名物の夕立雲が空を覆い暗くなってきた。するとオオルリは鳴き止み，森から湧き上がるようにヒグラシがいっせいに鳴きはじめた。幸いにして雨にはならず，雲が通り過ぎると青空が戻ってきた。すると今度はヒグラシが鳴き止み，オオルリがまたさえずりはじめてくれた。

夕立雲のおかげで「森の時間の移ろい」まで音として残すことができたわけだが，このことを契機に，さらに録音にのめり込むことになった。ことあるごとにオオルリの鳴き声の収録にも勤しむようになる。

関東と関西では鳴き声が違う！？

しかし，これだけ好きで，数多く録音してきたはずのオオルリのさえずりが，聞き分けられなかったことがあった。

それは，兵庫県の日本海側にある山，蘇武岳（そぶだけ）に行ったときのことだ。林道沿いのスギの木立ちから，聞いたことのない鳴き声が聞こえた。そのとき案内してくれたのは，本稿でオオルリの写真を提供してくれた写真家の渡辺美郎さんだ。渡辺さんに尋ねると，「この声はオオルリです」とのこと。散々聞いてきたはずのオオルリのさえずりがわからなかったのだから，正直これはショックだっ

た。渡辺さんは，「関西のオオルリの多くはこのパターンでさえずるのです」とも教えてくれた。

2つのさえずりを聞き比べると合点がいくと思うが，これだけ違いがあるのだから，関西のバードウォッチャーは関東で録音したオオルリの声が収録されているCDを聴いても，まずオオルリとわからないだろうと思った。

この蘇武岳のオオルリのおかげで，野鳥の鳴き声の地方差を改めて知ることができ，その後の『CD鳴き声ガイド 日本の野鳥』（拙著／2016年・日本野鳥の会刊）の制作などに生かすことができた。

栃木県日光市で収録。ヒグラシが鳴きやむ瞬間，オオルリがさえずりはじめる

兵庫県蘇武岳で収録したさえずり

ICレコーダーがあれば気軽にさえずりが録れる！

構成 ● BIRDER

会議や講義の記録にスマホの録音アプリを利用している人もいるだろう。音質もなかなかよく，鳥の鳴き声を記録として残しておくなら，これで十分といえる。

とはいえ，カメラから野鳥図鑑，地図まで，何もかもスマホ頼りにしているバーダーにとって，録音まで加わるとなれば，まず気になるのがバッテリーの残量。また，肌身離さず持ち歩かなければならないスマホでは，例えばソングポスト近くに「放置」して録音することなどもできない。だが，そうした心配も相応の性能をもったICレコーダーがあれば解決できてしまう。

家電量販店やネットショップには，たくさんのICレコーダーが販売されているが，ほとんどが人の声を録音するためのものであり，鳥の鳴き声のような高音域をうまく拾える製品は限られる。それぞれのICレコーダーが録音できる音域の広さは，カタログの仕様一覧などにある周波数特性（例えば20～20,000Hzなどと記されている）を見ればわかる。高い数値のほうが録音できる最大の高音を指し，その数値が高いほどより高音域まで記録できるわけだ。また，音質の良さの判断材料になるのがサンプリング周波数（kHz）と量子化ビット数（bit）で，どちらもより数値の高いものが高音質で録音ができる。ただし，「自然な音」であるかは内蔵マイクの性能による面も大きく，これらの数値のよさだけで，鳥の鳴き声の録音に適した機種とは完全にはいい切れない。インターネットの情報やBIRDER本

誌のバックナンバーなどを参考に，先達がどんな機材を使っているのか調べておくとよいだろう。

なお，ICレコーダーを「裸」で使用すると，ふだんはあまり意識することがない風の音や川のせせらぎもきれいに拾ってしまう。特に風の音は，再生すると耳障りな雑音にしか聞こえない。フィールドでまったくの無風状態であることはまずなく，風の影響を減らす風防を必ず取り付けて使おう。

ICレコーダーには，写真のような風切り音を低減する風防を取り付けて使用する

オリンパス「リニアPCMレコーダー LS-P4」。周波数特性は最高音質モードで20～44,000Hzと幅広く，サンプリング周波数・量子化ビット数（最高音質モード）は96kHz／24bitと高音質での録音が可能。大きさ：108.9×39.6×14.4mm（突起部含まず）重さ：75g（電池含む）価格：オープン
▶ https://www.olympus-imaging.jp/

オオルリ　5月 新潟県 ①

緑に映える歌い手たち

オオルリ・キビタキ・サンコウチョウ

文・写真 ● 吉野俊幸

Graphics 01

Profile よしの・としゆき

1953年、東京都生まれ。野鳥写真家。野鳥の生態を追い、自然の中の野鳥の姿を撮影し続けている。著書、共著書に『八ヶ岳 四季の野鳥』『ハヤブサ』(小社刊)、『鳥の自由研究』(アリス館)、『わかる！図鑑③ 野山の鳥』『ときめく小鳥図鑑』(山と渓谷社) ほか多数。

オオルリ　5月 長野県 ②

キビタキ　5月 新潟県 ③

サンコウチョウ　5月 福島県 ④

サンコウチョウ　6月 静岡県 ⑤

①キヤノン EOS-1D Mark IV／EF70-200mm F2.8L
　　絞り：f5.6　シャッタースピード：1/125　ISO：250

②キヤノン EOS-70D／EF200-400mm F4L IS USM
　　絞り：f4.0　シャッタースピード：1/400　ISO：200

③キヤノン EOS-7D Mark II／EF600mm F4L IS II USM
　　絞り：f4.0 シャッタースピード：1/250 ISO：400

④キヤノン EOS-7D Mark II／EF600mm F4L IS II USM
　　絞り：f4.0　シャッタースピード：1/80　ISO：250

⑤キヤノン EOS-1D X Mark II／EF600mm F4L IS II USM
　　絞り：f4.0　シャッタースピード：1/160　ISO：6400

撮影メモ MEMO オオルリ，キビタキ，サンコウチョウ。この三種は生息地に違いがあり，撮影ポイントもさまざまだ。

［オオルリ］

　オオルリほど見つけやすい鳥はほかにはいない。彼らはさえずりのソングポストを何か所かもつが，そのほとんどが樹冠部より飛び出た，枯れ木や梢であることが多いからだ。とはいえ，その大半は高い場所であるために見上げる角度になり，肝心の美しい背中の色はなかなか見えにくい。これではオオルリらしさを表現するのは難しい。それを回避するには，鳥の高さに近い撮影ポイントを探すこととなるだろう。写真 2 のように上からオオルリを見る機会は稀だが，渓流にかかる橋の上から見下ろすといった状況を見つけられれば，このような光景で撮影できる。

　独特のるり色（青色）をどのくらい再現できるかもポイントだ。この鳥の羽色は照り羽（光の反射による構造色）なので，光が強かったり，太陽が直上にあるトップライトの撮影では背中が光り，どす黒い色に写ってしまう。明るい曇りの日に，背景を取り入れて写すことで，しっとりとしたオオルリ本来の瑠璃色を表現できる。ポートレートは好きなだけ撮影できるので，写真 1 のように，オオルリが生息している広々とした風景を入れて撮るのも新鮮でよいだろう。

［キビタキ］

　キビタキはお決まりのソングポストをもたない。林の中をあちこち飛び回り，さえずる場所をどんどん変えるので，一つのところで長くさえずり続けることは少ない。写真 3 は小雨が降りしきる中，見上げる角度での撮影となったものの，片足を引っ込めてリラックスした状態で長時間同じ場所でさえずっていた場面だ。こういったチャンスに出会えば，自分がゆっくり移動しながら，キビタキが映える背景を探すことが可能。その結果，悪天候の中でもキビタキ本来の色彩を美しく再現できた。

　鳥に強い光が当たると，瞳の一点にキャッチライトが入り，キツイ表情に写りがちとなる。しかし，木陰のような柔らかく，均一の光の中であれば，羽はテカらず，虹彩は絵画的なにじみのある優しい感じに写る。キビタキのかわいらしさを表現するにはいちばんだ。

［サンコウチョウ］

　多くがスギ林や照葉樹林の薄暗い環境で生息するうえ，飛び方もすばやく，撮影時にフレーミングを考える時間がないことだろう。尾が長いため，頭や胴体を中央に入れるとバランスが悪くなりがちだ。それでも，シャッターを押すしかない。薄暗い中でも雄の青いアイリングは目立つため，ピントは意外と合わせやすく，眼が黒くつぶれてしまうことはさほどない。

　写真 5 は，たまたま広い谷の中ほどにぶら下がった細いつるに造られた巣を発見したので，遠くから長玉で，ISO6400まで上げての撮影となった。これほど ISO を上げられるのも今どきの高性能カメラでこそできる技だ。

　撮影に関する話の中で1つ，注意点を述べるとしたら，営巣や巣を見つけた場合，撮影するとしてもなるべく時間をかけず，すばやくその場を去ることが重要だ。野鳥にとって我々は常に脅威の存在であることを忘れてはならない。

生活史

オオルリ・キビタキ・サンコウチョウの

文・写真 ● 岡久雄二

Profile おかひさ・ゆうじ
キビタキを中心としたヒタキ類の生態研究を立教大学で行い，博士（理学）を取得。現在は佐渡島鳥類研究所で渡り鳥等の調査と社会教育活動を行う。キビタキの渡りを追いかけるのが長年の夢。

オオルリ雄

オオルリ，キビタキ，サンコウチョウは夏鳥だ。次世代を残すという重要なミッションのため，危険を冒して日本に渡来し，争いの果てになわばりを確保し，そして子育てをする。3種は日本でどんな暮らしをしているのか，その実態を紹介しよう。

オオルリ
Blue-and-white Flycatcher

渡り

　基亜種オオルリ（以下，オオルリ）は台湾と中国南東部，インドシナ，フィリピン，ボルネオ島などで越冬し，夏鳥として朝鮮半島南部，九州から北海道までの日本各地（南西諸島を除く）へ渡来する。日本への渡来は3月下旬〜5月中旬と，ほかのヒタキ類よりも早いことが多い。オオルリの渡来は北方ほど遅く，九州では3月下旬〜4月に渡来するが，北海道では4月末〜5月上旬となる。秋の渡りは8月下旬〜10月ごろまで観察されることが多い。

生息環境

　低地から山地の落葉広葉樹林，針葉樹林，針広混交林に生息する。特に沢沿いに生息する個体が多い。渡りの時期には都市公園等でもよく観察される。

食物

　ハエ目，ハチ目，カメムシ目，

チョウ目，蛛形類（ダニなど）といった多様な無脊椎動物を採食する。特に飛翔性の昆虫をフライキャッチして食べる様子がよく観察される。また，河川から発生する飛翔性昆虫が重要な食物資源となっていると考えられている。加えてさまざまな植物質のものを食べることが知られており，秋にはアカメガシワやミズキ，ニワトコ，ウド，ツルマサキ，ツタウルシなどの木の実を採食する。

……… 巣 ………

岩肌や斜面，木の根元にコケを貼りつけて作る巣が多く，上に屋根状のせり出しがある場所での営巣が目立って多い。このほかに樹洞や巣箱，軒下に営巣した事例もある。コケを多く積み上げた上に，動物の毛や根状の菌子束，植物の繊維などを用いてカップ状の産座を作る。巣作りはもっぱら雌が行う。

……… 抱 卵 ………

年1〜2回繁殖を行い，一腹卵数は3〜5卵。卵は薄い赤褐色であり，褐色の斑紋が入る。抱卵期間は12〜14日程度である。雄は抱卵せず，雌のみが抱卵する。

……… 育 雛 ………

育雛期間は12日程度。雌のみが抱雛を行い，雄雌ともに雛への給餌を行う。雛の巣立ち後も約10日間は家族群を形成して育雛を行う。

……… 雄の行動・ディスプレイ

雄は渡来すると梢でさえずるため見つけるのは比較的容易である。日本三鳴鳥の一つに数えられており，「ヒーリー，ジジ」等の美しい声でさえずるが，個体ごとにその声は異なる。他種の鳴き声を真似ることも多く，特にキビタキなどほかのヒタキ類の声を真似ている場合，聞き分けはとても難しいが，時間をかけて聞いていると必ずどこかで「ジジ」というオオルリ独特の節が入る。

雌がやってくると，雄は正面に止まり，前頭部の羽毛を立てて見せつけたり，8の字を描くように雌の周辺を飛び回ったりして，ディスプレイを行う。雄同士のなわばり争いでは尾羽を広げる様子がよく観察される。

生活史 TIPS 雌のさえずり

オオルリ

オオルリは「雌もさえずる」と言われる。しかし，これは雄のさえずりの冒頭部と，巣や雛を守る際の警戒声が，よく似た「ヒーリー」という節であることによる勘違いである。雛に人間が接近すると，雄雌とも非常に強い声で「ヒーリー」と鳴きながら警戒する。雌がさえずりのような声を出している場合，それは必死に雛や卵を守ろうとしているしぐさであるため，速やかにその場を離れることが好ましいだろう。

雌　写真 ● 叶内拓哉

岩壁に造られた巣（円内）

巣立ち間近の巣内雛

キビタキ

Narcissus Flycatcher

渡り

基亜種キビタキ（以下，キビタキ）はボルネオ島などの東南アジアで越冬し，夏鳥として樺太，国後島から九州までの日本各地で繁殖する。春の渡りでは3月中旬までには北上を開始するようで，中継地の中国・広州では3月中旬～4月中旬が渡りのピークである。日本各地へは3月末～5月下旬に渡来するが，北方ほど渡来が遅く，繁殖地のうちで最も高緯度の樺太への渡来は5月末～6月初旬である。

秋の渡りは8月下旬～10月に観察されるが，稀に12月に日本国内で観察された事例もある。春の渡り時期には朝鮮半島や香港でも多数が観察されるが，秋には観察例がなく，春と秋で渡りのルートが異なる個体が多いと考えられている。

生息環境

キビタキは主に標高1,800m以下の落葉広葉樹林，針広混交林，常緑針葉樹林，照葉樹林，カラマツ林，農耕地，住宅地，モウソウチク林など，多様な環境で繁殖する。北海道では平地の農耕地の防風林や海岸林でも繁殖している。渡りの時期には都市公園等でもよく見られるほか，近年は都市部での繁殖記録も増加している。

食物

腹足類（カタツムリなど），倍脚類（ムカデなど），蛛形類（ダニなど），クモ目，シリアゲムシ目，コウチュウ目，ハエ目，ハチ目，カメムシ目，チョウ目，トビケラ目，アミメカゲロウ目，トンボ目など多様な無脊椎（せきつい）動物を採食する。またさまざまな植物質のものを食べることが知られており，秋にはクワ，サクラ，アカメガシワやミズキ，ニワトコ，ウド，ツルマサキ，ツタウルシなどの木の実を好む。

雄の行動・ディスプレイ

雄は渡りの途中や繁殖期の渡来後すぐにさえずり，雄同士で闘争を行う。さえずりの際は，腰の黄色部をふくらませ，まるでテニスボールが腰に乗っているように見えることがある。雌がやってくると，8の字を描くように雌の周辺を飛び回って羽を見せつけるディスプレイを行う。

雄同士の闘争は非常に激しく，ブンブンとハチの羽音のような声を出しながら，飛びまわって争い，攻撃行動がエスカレートすると雄同士がつつき合いながら地上に落下して，馬乗りになって攻撃しあうことがある。

巣

キツツキの古巣や自然の樹洞，枝の基部のくぼみ，折れた竹，廃屋の屋根などに営巣する。前面が大きく

木に止まるキビタキ雄

開いた半開放性の樹洞での営巣が最も多く，これを模した巣箱でも営巣する。巣は落ち葉を敷き詰めた上に，動物の毛や植物の繊維などを使用してカップ状のものを作る。巣作りはもっぱら雌が行い，雄は雌の周りで警戒しながらさえずっていることが多い。

ある白色で褐色斑が入る。抱卵期間は10〜13日。雄は抱卵せず，雌のみが抱卵する。

…… 育 雛 ……

育雛期間は10〜16日。雌のみが抱卵を行い，雄雌ともに雛への給餌を行う。卵や雛の捕食者はハシブトガラスやアオダイショウである。開放的な巣であることから，捕食者に覚えられると地域的に巣立ち率が30％を下回ることもある。

…… 抱 卵 ……

年1〜2回繁殖を行い，一腹卵数は3〜6卵，卵はわずかに青色味の

キビタキ用の巣箱

雄第1回夏羽

抱卵する雌。常に外の様子が見える場所に営巣する

巣と卵

巣内雛。雛は入り口を向いて並んで親鳥を待つが大きくなると巣に収まり切れず，上に重なってしまう

生活史
TIPS 羽の機能
キビタキ

雄の形態には年齢と個体の健康状態等による大きな個体差があり，雄ごとに異なる黄，黒，白の羽色は，キビタキの社会の中でそれぞれ異なるメッセージを伝達していると考えられている。黄色はキビタキの健康さを示し，色が濃い個体は雌に人気だ。黒は雄同士のケンカの強さを示し，黒い羽の面積が広い個体ほどケンカが強い。白は遺伝的に良質な個体であることを示し，面積が広い個体は長寿命である。美しいキビタキの羽色には複雑な意味合いがあるのである。

地上で闘争する雄

サンコウチョウ雄　写真 ● 石田光史

サンコウチョウ
Japanese Paradise Flycatcher

渡 り

　基亜種サンコウチョウ（以下，サンコウチョウ）は中国南部からスマトラ半島で越冬し，夏鳥として青森県から九州で繁殖する。春は4月末から5月下旬にかけて日本各地へ渡来し，ほかのヒタキ類と比べて渡来は遅い。秋の渡りは8月から9月下旬ごろまで観察される。亜種リュウキュウサンコウチョウは夏鳥としてトカラ列島以南の南西諸島に渡来し，繁殖する。

生息環境

　低地から山地のスギやヒノキの人工林，雑木林，落葉広葉樹林など薄暗い林に生息し，沢や谷沿いに生息

する個体が多い。亜種リュウキュウサンコウチョウは常緑広葉樹林に生息する。

食 物

　腹足類（ナメクジなど），トンボ目，チョウ目，バッタ目，カメムシ目（エゾハルゼミなど），カゲロウ目，ハエ目（ガガンボ類など），アミメカゲロウ目（ツノトンボ類など）などの無脊椎動物を採食する。

雄の行動

　雄は「ツキヒホシホイホイホイ」という特徴的な声で鳴きながら飛び回るが，明るい場所に出てくることは稀で，姿を見つけるのは容易では

ない。冠羽や翼，尾を広げて見せつけるようなディスプレイを行う。

巣

　地上1.5〜15m 程度の高さで，ツル植物，広葉樹，針葉樹などの枝が又状になった場所に営巣する。スギやヒノキの樹皮を用いて深いコップ型の巣を作り，クモの糸，植物の繊維，根状の菌子束などで産座を作る。外側にはコケやウメノキゴケなどを貼り付ける。人間に巣が見つかったことにより，産卵前に巣を作り直した事例が複数記録されており，観察圧に敏感であると考えられる。

抱 卵

　個体識別をして繁殖追跡を行った事例がほとんどなく，1年に何回まで繁殖するかは不明である。一腹卵

数は3〜5卵。12〜14日程度抱卵する。雄雌ともに抱卵を行うが，抱卵時間は雌のほうが長い。

育　雛

　雄雌ともに雛への給餌を行う。巣内での育雛期間は8〜12日と短く，雛は羽毛が生えそろう前に巣立つことが普通である。雛が十分に飛べる

ようになる前に巣立つぶん，巣立ち後に巣外で育雛する期間は比較的長いと考えられている。

　カラスやアオダイショウによる捕食のほか，悪天候による影響で繁殖を放棄したと考えられる事例が多く報告されている。また，人間の観察圧による繁殖放棄の事例も多いと推測される。

トンボを採食する雄　写真 ● 石田光史

巣に飛来したリュウキュウサンコウチョウの雄　写真 ● BIRDER

抱卵するリュウキュウサンコウチョウの雌　写真 ● BIRDER

リュウキュウサンコウチョウの古巣　写真 ● BIRDER

生活史
TIPS 形態の多型

サンコウチョウ

　サンコウチョウの興味深い点として，形態に多型が存在することが知られている。雄は
　①尾羽が長くて背中が紫色のタイプ
　②尾羽が短くて背中が紫色のタイプ
　③尾羽が短くて背中が茶色いタイプ
の3タイプが確認されている。雌については尾羽が短くて背中が茶色いタイプが一般的だが，尾羽が長く背

中が紫色の個体も複数見つかっている。このような多型がサンコウチョウの社会でどのような機能をもっているのかはまだよくわかっていない。

　また，3羽以上が1つの巣で雛に給餌していた記録もあり，複雑な社会性があるのかもしれないが，血縁関係等を検討した研究例はない。サンコウチョウの生態はまだ未解明の部分が多いといえるだろう。

実測値で知る
オオルリ・キビタキ・サンコウチョウの
形態

オ オ ル リ
キ ビ タ キ
サ ン コ ウ チョウ

イラスト ● 赤勘兵衛

Profile せき・かんべえ

1946年、東京都生まれ。イラストレーター。多摩美術大学卒業。自然を
テーマにした作品を発表。広告美術の世界では、毎日広告賞、カンヌ国
際広告賞ポスター銅賞など多数受賞。著書に『鳥の形態図鑑』(偕成社)。
▶ http://www.sekikanbei.jp/

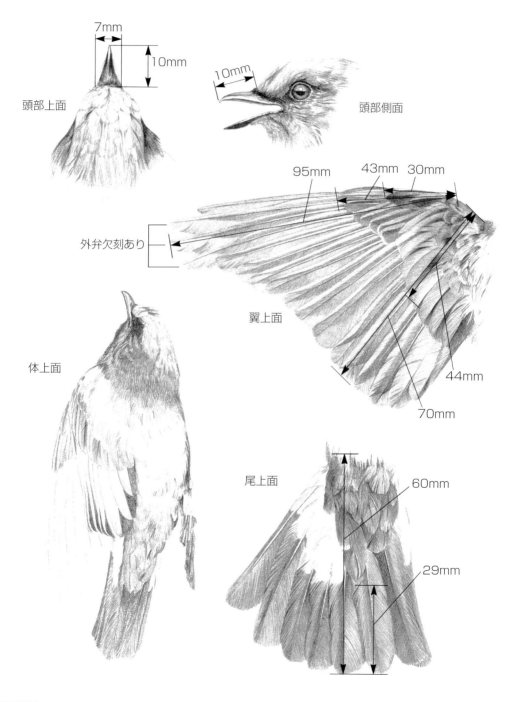

7mm

10mm

頭部上面

10mm

頭部側面

95mm   43mm   30mm

外弁欠刻あり

翼上面

44mm

70mm

体上面

尾上面

60mm

29mm

オオルリ＝雄

Blue-and-white Flycatcher

1995年4月下旬，埼玉県内にて右翼を痛めた状態で保護，回復せずに死亡した個体。尾羽は中央尾羽2枚を除いて白色部がある。

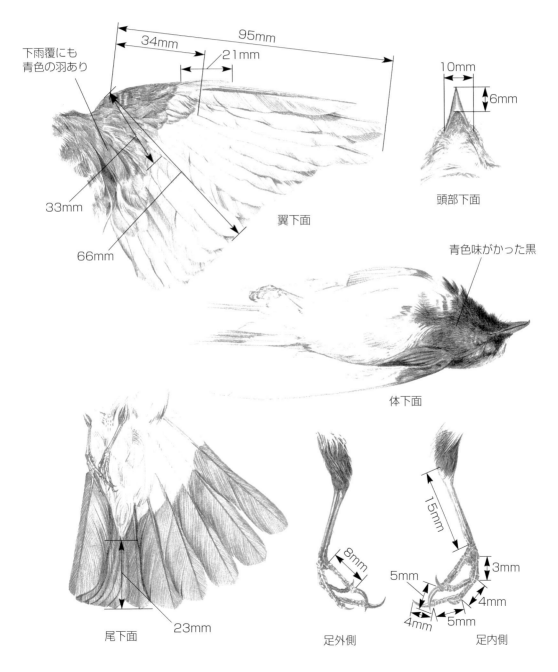

下雨覆にも
青色の羽あり

95mm

34mm

21mm

33mm

66mm

翼下面

10mm

6mm

頭部下面

青色味がかった黒

体下面

尾下面

23mm

足外側

8mm

足内側

15mm

5mm

3mm

4mm

5mm

4mm

※ BIRDER1996年11月号「BIRD TRACKING ♯43」を再編集

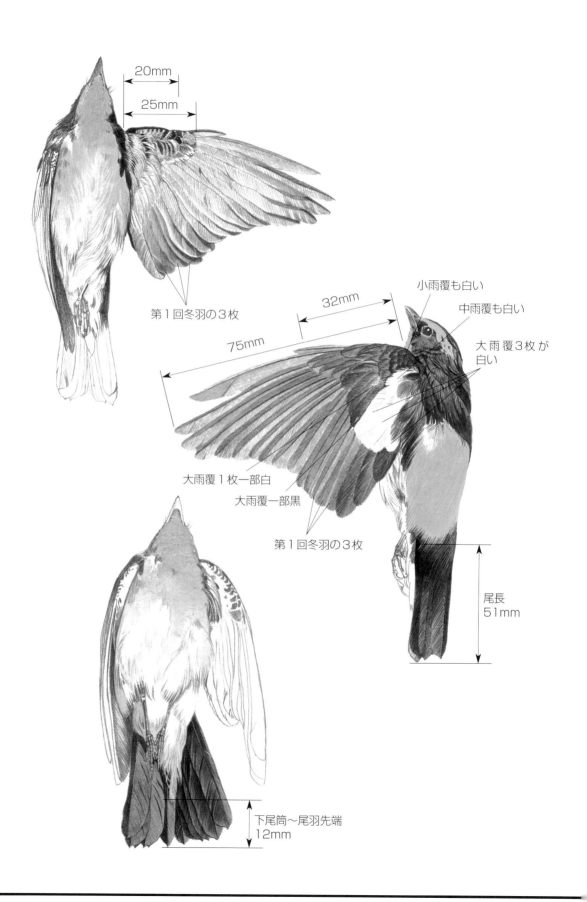

20mm

25mm

第1回冬羽の3枚

32mm

75mm

小雨覆も白い

中雨覆も白い

大雨覆3枚が
白い

大雨覆1枚一部白

大雨覆一部黒

第1回冬羽の3枚

尾長
51mm

下尾筒〜尾羽先端
12mm

キビタキ＝雄

Narcissus Flycatcher

2006年春，栃木県で保護，後日死亡した個体。第1回夏羽に換羽中の個体のようで，次列風切に3枚ずつ6枚の褐色味のある羽があった。

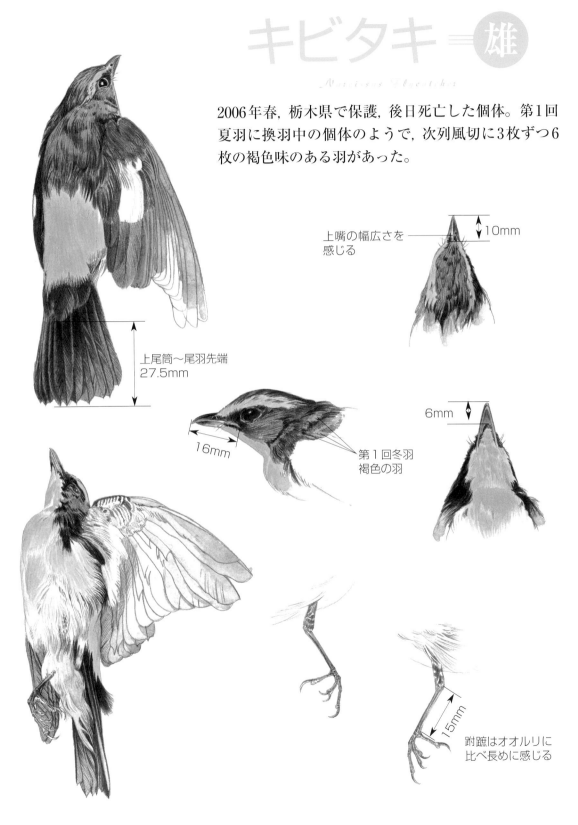

上嘴の幅広さを感じる

10mm

上尾筒～尾羽先端
27.5mm

16mm

第1回冬羽
褐色の羽

6mm

15mm

跗蹠はオオルリに比べ長めに感じる

※ BIRDER2006年8月号「BIRD TRACKING♯145」を再編集

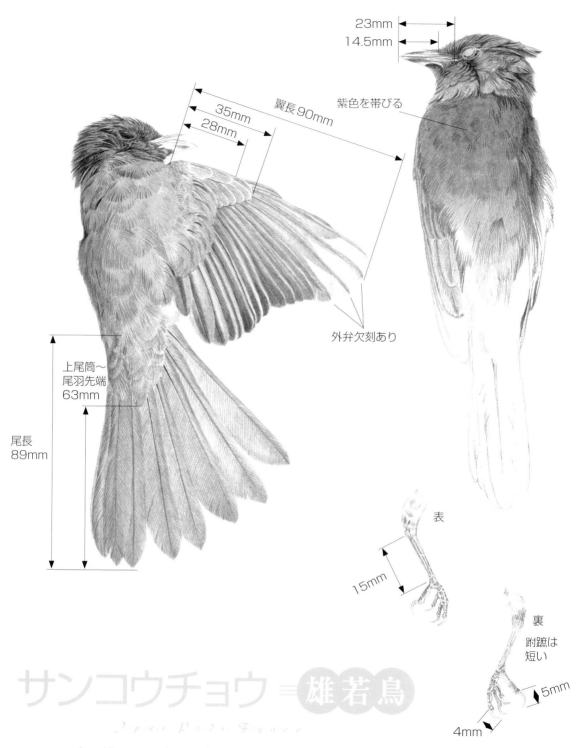

23mm
14.5mm

翼長90mm

紫色を帯びる

35mm
28mm

外弁欠刻あり

上尾筒～
尾羽先端
63mm

尾長
89mm

表

15mm

裏
跗蹠は
短い

5mm

4mm

サンコウチョウ＝雄若鳥

2008年8月31日，埼玉県内にて窓ガラスに衝突した個
体を保護，翌9月1日に死亡。アイリングはなく，嘴
の色も青くなかった。口腔も黄緑ではなく黄色で，背
面のレンガ色は紫色を帯び，雄若鳥と思われる。

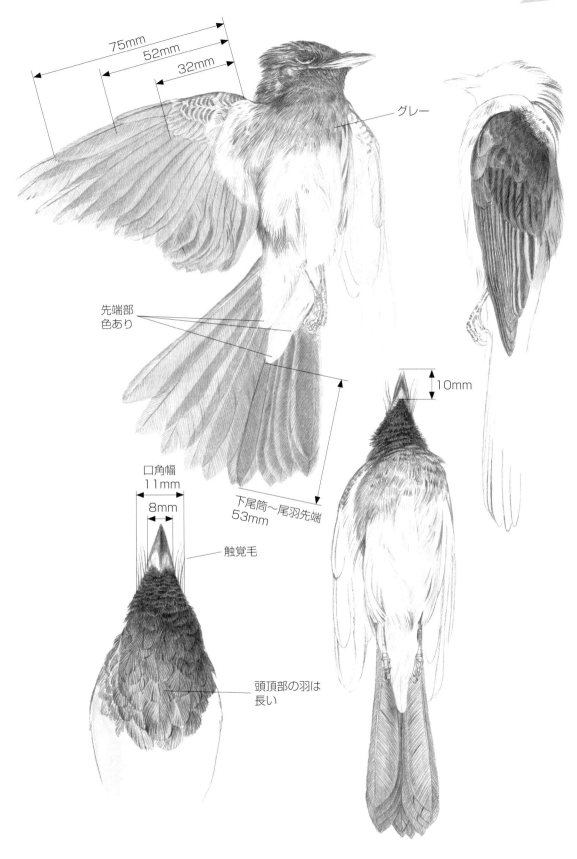

75mm

52mm

32mm

グレー

先端部
色あり

10mm

口角幅
11mm

8mm

下尾筒〜尾羽先端
53mm

触覚毛

頭頂部の羽は
長い

※ BIRDER2008年11月号「BIRD TRACKING ♯172」を再編集

美なる囀りを求めて②

さえず

キビタキ

Narcissus Flycatcher

キビタキもまた美声のもち主であり，オオルリのさえずりに負けずとも劣らない。一様ではない鳴き方は，録音する側にとっては興味をかき立てられる。

文・音声 ● 松田道生

さえずりは梅雨入りとともに
寂しい音色に変わる？

　筆者が収録構成を担当する文化放送のラジオ番組『朝の小鳥』のスタジオ収録では，ラジオという媒体を通じて野鳥の魅力を伝える喜びを覚えたのと同時に，回を重ねるごとにいろいろと勉強させてもらってもいる。おかげ様で，筆者が担当になってから2021年で15年目に入り，オンエア数も800回になろうとしている。

　初めのころは戸惑うことが多々あった。いちばん困ったのは，筆者の作ったシナリオと用意した音源の印象が合わないことだった。たとえば，キビタキのさえずりを「活発で弾むような声，まるで木漏れ日が歌っているようです……」と書いたまではいいが，音源を聞いたディレクターのS木さんから「松田さん，このキビタキ，とても寂しそうに鳴いていますが……」と指摘されたことがある。シナリオに書いたのは，筆者がふだんキビタキのさえずりを聞いて感じる印象といってよかった。しかし，スタジオに持って行った音源は，それに当てはまらない声だったというわけだ。

　凝りに凝って書いたつもりのシナリオをスタジオで書き直すはめになったのだが，それをきっかけに，改めて過去に録音したキビタキのさ

えずりを片っ端からチェックしてみた。2006年に周辺の市町村と合併する前の旧日光市の鳥はキビタキだったこともあって，日光ではキビタキをよく見る。録音した音源も山ほどあるのだ。

　当地のキビタキたちはまるでゴールデンウィークに合わせたかのように4月下旬から5月に入るころに渡ってきて，あちこちでさえずりを耳にするようになる。ストックしてある記録を見ると，さえずりを最

6月 栃木県日光市　写真 ● 石田光史

も遅く聞いたのは1999年7月19日だった。彼らがさえずる期間はおよそ3か月間ということになる。

　寂しい印象のさえずりとは「チュルリ」や「チュルー」を間を開けて鳴くタイプで，6月に入ってから多く耳にするようになる。もちろん，7月になってもにぎやかにさえずるものがいるし，寂しげなさえずりの中ににぎやかな節が入るといった鳴き方をするものもいる。

　あくまでも傾向としてとらえる

と，6月中旬から7月になると寂しげなさえずりが多くなる。3か月のうち，最初の1か月半はにぎやか，残り1か月半は寂しげに鳴いていたのだ。つまり，キビタキは繁殖期の前期と後期でさえずりの鳴き方を変えているとうかがえるのである。

その理由は繁殖のステージの違いと考えられる。鳴き方を変えるのは繁殖に成功した雄のパターンなのか？ 一方，いつまでもにぎやかに鳴くのは独身雄？ あるいは繁殖に失敗した雄？ などなど推察はできるが，いずれ詳しい検証をしてみたい。

「トッポ・ジージョ」「キンキキッズ」と聞こえる声

ところで，声帯模写でよく知られる故・四代目江戸家猫八さんとは，江戸家子猫（初代）の時代から何度かトークショーや対談をした。覚えているだけで，雑誌の対談3回，トークショー3回，テレビの共演は1.5回（0.5回分はともに別撮りだったため）ある。トークショーで猫八師匠は「キビタキのさえずりには"トッポ・ジージョ"と鳴くのがあって，さらに"キンキキッズ"や，"さあ，お出でよ"がある」と話していた。若い人のために説明しておくと，トッポ・ジージョとは1960年代のテレビで人気を博したイタリアの人形劇でネズミのキャラクターの名前だ。

猫八師匠が指笛でやると，そう聞こえるのだから不思議な感じだった。録音したキビタキの音源をチェックすると，なるほど「トッポ・ジージョ」と聞こえるのがあった。「キンキキッズ」もけっこう多い。ただ「さあ，お出でよ」だけ，なかなかそれらしいのが見つからなかった。感じの似たものはあったが……。

ということで，筆者が録音した音源の中からそれらしいものをピックアップしてみたが，皆さんにはどう聞こえただろうか？

囀り Sample

繁殖期初期の
にぎやかなさえずり

繁殖期後期の
寂しげなさえずり

「トッポ・ジージョ」
と聞こえる

「キンキキッズ」
と聞こえる

「さあ，お出でよ」
と聞こえるか？

キビタキがさえずりはじめる5月中旬の日光・戦場ヶ原付近の森　写真 ● BIRDER

オオルリ　4月 滋賀県 ①

オオルリ　5月 滋賀県 ②

オオルリ　5月 滋賀県 ③

緑に映える歌い手たち
オオルリ・キビタキ・サンコウチョウ

文・写真 ● 水中伸浩

Graphics 02

Profile みずなか・のぶひろ
地元のフィールドを中心に野鳥撮影を続けている。身近な普通種こそ大切にし, 同じ鳥をじっくりと時間をかけて観察することにより, オリジナル, かつ美しい1枚に仕上げることを心がけている。2020年5月に写真集『Art of Wildbird』(青菁社) を発表。発売からわずか10日で増刷になるほどの人気を博す。オリンパスカレッジ講師。▶ https://nobbyy.wixsite.com/photobird

サンコウチョウ　7月 滋賀県 ④

サンコウチョウ　7月 滋賀県 ⑤

①キヤノン EOS-1D X／EF600mm F4L IS II USM
　　絞り：f4.5 シャッタースピード：1/250 ISO：800

②キヤノン EOS-1D X／EF400mm F2.8L IS II USM+1.4x III
　　絞り：f5.0 シャッタースピード：1/320 ISO：800

③キヤノン EOS-1D X／EF400mm F2.8L IS II USM
　　絞り：f5.0 シャッタースピード：1/400 ISO：500

④キヤノン EOS-1D X／EF600mm F4L IS II USM
　　絞り：f4.0 シャッタースピード：1/800 ISO：1250

⑤キヤノン EOS-1D X／EF600mm F4L IS II USM
　　絞り：f4.5 シャッタースピード：1/400 ISO：800

⑥キヤノン EOS-1D X Mark II／EF600mm F4L IS II USM +1.4x III
　　絞り：f5.6 シャッタースピード：1/500 ISO：640

【オオルリ】
写真① オオルリとミツバツツジを絡めて撮影したいと考えていたが，なかなか適した場所を見つけられず，この峠を見つけるのに何年もかかってしまった。幸いここをなわばりとする個体は警戒心が低く，狙った場所で動かなければ，かなり近くから撮影させてもらえた。いい場所を見つけたと喜んでいたが，翌年この一帯が大きく崩落し，また撮影場所を失った。

写真② オオルリの密集地帯といってもいいほどあちこちからさえずりが聞こえてくる谷で，すぐ近くから声がするのに姿を見つけられない。不思議に思って少し体をずらすと，なんと足元，崖の下のアカメガシワでさえずっていた。秋には幼鳥が実をついばむところをよく目にする木だ。ほんのりと優しく色づいた赤い葉は，鮮やかな深いブルーのオオルリを引き立てていた。

写真③ 広大な渓谷の一角にヤマフジが咲く抜群のロケーション。このときはヤマフジとオオルリという季節感，色の組み合わせの妙はもちろん，この渓谷の広大さも伝えたいと思い，あえて800mmから400mmにレンズを付け替えて撮影した。

【サンコウチョウ】
写真④ 巣立ち直後，雛たちはそれぞれバラバラな方向へ飛んでしまう。食物を与えるために後を追わなければならない親は実にたいへんそうだ。時にはどうしてそこに雛がいるとわかるのかと思わせるようなところへも食物を運んでいく。これは食物をもらった直後の雛が「もっとちょうだい」とねだっている姿だ。親子で語り合っているようにも見えて，とても愛おしく感じられる。

写真⑤ 大きく口を開けていることで，サンコウチョウの特徴である緑色の口が少し見えている。早朝に巣立った雛は弱々しくふらふらと飛ぶものの，自分で方向を変えることもできず，どこに降りるのかも運任せ。やがて昼ごろになると，少しは力強く飛べるようになる。親鳥はそれを待っていたかのように，安全な高い木の枝へと雛たちを誘導しはじめた

【キビタキ】
写真⑥ 倒れかけた大木の枝でひと休み。深みのある黒色と，オレンジ色から黄色にかけてのグラデーションとのコントラストが実に美しい。このときはやや逆光が強く，撮影には厳しいかなという気もしたが，期待どおりの明るくファンタジックな背景になった。

サンコウチョウ
Japanese Paradise Flycatcher

サンコウチョウの名前は、「月・日・星」と聞こえるというさえずり、つまり空に輝く3つ光＝三光に由来する。ただし、そう聞こえるかどうかは、人によりけりかもしれない。

文・音声 ● 松田道生

本当に「月・日・星」と聞こえる」のか？

実は『朝の小鳥』では、聞きなしネタは封印されている。たとえば「サンコウチョウのさえずりは"月日星"と聞こえ、それが名前の由来になっています」とシナリオに書くと、ディレクターのS木さんから、「松田さん、月日星って聞こえないのです。バードウォッチャーの皆さんはそう聞いているのですか？」と指摘されてしまうのだ。

たしかに、サンコウチョウのさえずりは「ツキ，ヒ，ホシ」とは聞きなしにくい。せいぜいイントネーションが似ている程度のものなのだが、自然の中で、さえずりを聞きながらベテランのバードウォッチャーから「ほら，月日星って鳴いているでしょ？」と問われると、まあ、そう聞こえるような気もしてくるから、反論はしづらい。

とはいっても、サンコウチョウは本当に「月日星」と聞きなせそうな声、ようするに「ツキ，ヒ，ホシ」のうな5音でさえずっているのか、音源をチェックしたみた。

声紋を見ると多くが2〜3音であることがわかる。ということは、「月日」ぐらいで終わっていることになる。ただ、その後に続く「ホイホイホイ」と鳴く部分をホイ＝星と

聞いて、「月日，星星星」と聞きなす別説もある。

サンコウチョウの聞きなしにはほかにも、山形県に伝わる「吉次，来い来い来い」というのがあるが、どちらかといえばその方が合っている。吉次（きちじ）は、3音になるため無理がない。ちなみに、吉次とは奥州に逃れる源義経を助けた商人の名前（金売吉次）だそうだ。

かつては身近な「村落の鳥」

話は変わるが、サンコウチョウの

鳴き声を録るため、東京都西部の山をイラストレーターの水谷高英さんに案内してもらったことがある。今から約20年前の2002年のことだ。サンコウチョウがいるというポイントまで、駐車場からアップダウンのある山道を小一時間も歩いただろうか、あたりは薄暗いスギ林で、すでに10名ほどのバードウォッチャーやカメラマンが息を潜めていた。シャッター音が入らないように少し離れたところに録音機をセットし、数声鳴き声をゲットすることができたが、サンコウチョウについては、

7月 神奈川県　写真 ● ♪鳥くん

こんな山奥にしかいない，オオルリやキビタキ以上に深山幽谷の鳥というイメージがあった。

現在でも，バードウォッチャーたちのサンコウチョウに対するイメージはそれほど変わっていないと思う。しかし，はるか昔，日本が高度成長期に入る前までは彼らは珍しい鳥などではなく，身近な存在だった。

たとえば，昭和13（1938）年に発行された『野鳥ガイド』（中西悟堂著／日新書院）は，野鳥を生息環境別に紹介した本だが，サンコウチョウは「村落の鳥」の章に載っている。この本では，村落はもっとも身近な環境を意味している。現在のガイド本なら街や公園（の鳥）に相当するだろう。解説には「東京付近では井の頭方面，善福寺池付近，明治神宮等で繁殖し」とある。戦後間もないころの明治神宮探鳥会※では繁殖期に記録されているから，少なくとも1950年代までは深山幽谷の鳥などではなく，武蔵野の雑木林や里山の鳥であったのは間違いない。

筆者がバードウォッチングを始めたのは1970年代だが，そのころに

なるとサンコウチョウは，東京近郊では高尾山でかろうじて見られる程度にまで減っていた。大学時代，4年間通った長野県軽井沢でさえ，ついに出会うことはなかった。また，ホームグラウンドの一つである栃木県日光では，1960年代までは市街地近くの丘陵での記録があるのだが，筆者が通いはじめた1990年ごろには見られなくなっていた。

ようやくこの鳥と出会えたのは，バードウォッチングを始めて10数年経ったころ，1980年代の山梨県山中湖畔の別荘地だったと記憶している。その後，2000年ごろになると珍鳥扱いされるほどの「希少種」となり，定期的に繁殖する場所には前述のようにバードウォッチャーやカメラマンが集中するようになった。

ただ，ここ数年は出会う機会が増えている。サンコウチョウ自体が増えてきた点も大きいが，彼らが本来生息している里山の環境を探してピンポイント的にチェックして行くと，かなりの確率で遭遇できることがわかったのだ。

ポイントは，山地のすそ野に点在

する里山。山道に入る手前の雑木林と水田が入り交じったようなところだ。彼らが巣を作る薄暗い森と，食物となる昆虫を飛び回りながら空中で捕らえられる明るい林や林縁部がそろっているといい。昼間もよく鳴く鳥なので，朝だけでなく午後も探すことができる。また，こうしたところでは，サンコウチョウばかりではなく，アカショウビン，アオバトがだいたいセットで生息している。

インターネットを使えば，野鳥の出現情報も容易に得られる時代になったとはいえ，本来の鳥の習性と生息環境を考察して，目当ての鳥を自分で見つけたときの喜びは何物にも代えがたい。鳴き声の話とはだいぶ外れてしまったが，観察機会が増えたおかげで，サンコウチョウの声を録音する機会もまた増えたことは確かだ。

※：明治神宮の境内（東京都渋谷区）で開催される探鳥会。「月例探鳥会」としては日本でいちばん古い歴史があり，1947年より続く。

林道沿いのスギやヒノキの林からさえずりが聞こえることもある　7月 東京都　写真●BIRDER

典型的なさえずり。「月日」くらいしか聞き取れない

さえずりのバックにアカショウビンの鳴き声が重なる

種名	分布変化（コース数）			種名	個体数変化（羽数）		
	1990年代	2016年～	変化率		1990年代	2016年～	変化率
ガビチョウ	14	188	1242.9	ガビチョウ	46	1023	2123.9
ソウシチョウ	41	175	326.8	ソウシチョウ	435	1340	208.0
ヨタカ	15	54	260.0	サンショウクイ	587	1503	156.0
キバシリ	30	88	193.3	キビタキ	3108	7659	146.4
カワウ	100	279	179.0	アオバト	1145	2148	87.6
サンショウクイ	160	421	163.1	センダイムシクイ	3270	5623	72.0
ヤマゲラ	31	75	141.9	ミソサザイ	1422	2004	40.9
サンコウチョウ	176	373	111.9	ヤマガラ	4228	5932	40.3
アオバト	360	700	94.4	クロツグミ	1239	1728	39.5
アカショウビン	141	272	92.9	アオゲラ	1072	1483	38.3

表1 1990年代から分布が拡大した種，個体数が増加した種の上位10種。記録頻度の高い種のみを対象とした

復活したサンコウチョウ

Japanese Paradise Flycatcher

「最近，夏鳥が減ったねぇ……，1980年代から90年代にかけて，バーダーたちの間でよく出た話題だ。アカショウビンやブッポウソウとともに，その減少が心配されていたサンコウチョウが，近年，復活をとげていることが，全国鳥類繁殖分布調査のデータからわかってきた。

文 ● 植田睦之

Profile うえた・むつゆき
特定非営利活動法人バードリサーチ。全国繁殖分布調査は完成まで残り1年。現地調査は，ほぼめどがたち，これからはアンケート調査で分布の漏れを補っていくフェーズに来ています。興味のある方は，ぜひ調査にご参加ください。
▶ https://www.bird-atlas.jp/

ボランティアの手による繁殖分布調査

全国鳥類繁殖分布調査は，1970年代と1990年代に環境省によって行われた調査だ。全国に満遍なく，約2300のコースが設定され，そこで鳥の生息状況を調査し，全繁殖鳥類の分布図が作られた。2016年から3回目の調査が始まり，2021年秋の完成に向けて進められている。今回は環境省の調査ではなく，バードリサーチなどNGOが中心となって，ボランティアの手で進められている。現在までに9割ほどのコースで調査が終わり，日本の鳥の現状が見えてきた。

復活したサンコウチョウと，分布拡大が続くキビタキ

まだ調査の途中なので，調査できていないコースもあり，分布図は過小評価になっているが，1970年代，1990年代，そして今回のサンコウチョウ，キビタキ，オオルリの分布を見てみよう。サンコウチョウは，1970年代から90年代にかけて分布を縮小させたが，その後，現在までの間に劇的な復活を遂げていることがわかる（図1）。それに対して，キビタキは1970年代から一貫して分布を拡大させており（図2），オオルリはあまり大きな変化がないようだ（図3）。

森林の成熟が原因か？

なぜ，サンコウチョウは復活し，キビタキは分布を広げ続けているのだろうか？ 繁殖分布調査は，各種鳥類の分布を調べているだけなので，その変化の原因まではわからない。しかし，どのような種が増え，どのような種が減っているのかの共通点を探ることで，推測は可能だ。

繁殖分布調査で分布を拡げたり，個体数が増えたりしている鳥は，カワウを除けばすべてサンコウチョウやキビタキを含めた森林性の鳥だった（表1）。それも夏鳥だけでなく，アオバトやキバシリ，キツツキ類やカラ類などの留鳥も増えていた。このことは森の環境がよくなっていることを示すのかもしれない。

現在，日本では，森林は成熟傾向にある。1970年代と比べて，森林面積には大きな違いはないが，森林蓄積量（樹木の総体積）は倍以上になっている（図4）。つまり木が大きくなってきていることを意味する。以前は奥山では材木利用が行われ，里山では木が燃料として利用されていたので，若い林が多かった。しかし，現在はそれらの林が人に利用されなくなり，生長を続け，成熟した林になっているのだ。森の鳥にとっては，近年にないほど生息環境が良

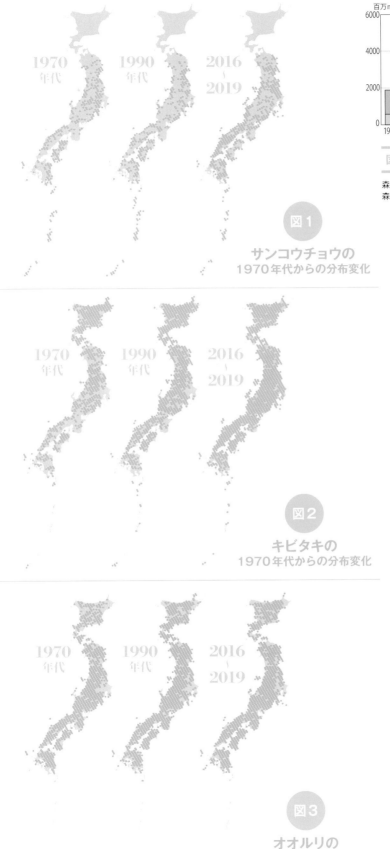

図1

サンコウチョウの
1970年代からの分布変化

図2

キビタキの
1970年代からの分布変化

図3

オオルリの
1970年代からの分布変化

百万㎥　　　　　　　　　　　　　万ha

図4　森林面積と森林蓄積量の変化。
林野庁の統計資料を基に描く

森林蓄積量（□人工林，■天然林等）
森林面積（　）

好な状況に今の日本はあるのだろ
う。そして森の鳥たちが分布を拡大
し，増加しているのだと思われる。
　では，キビタキ，オオルリ，サン
コウチョウの3種の分布変化に違い
があるのはなぜだろう。夏鳥が減少
していた1980年代，その原因だと
想像されていたのが，越冬地の生息
環境の悪化の可能性だ。夏鳥たちの
越冬地はよくわかっていないが，こ
れら3種の越冬域が異なり，その環
境の悪化や回復の状況が違っている
のかもしれない。また，これら3種
は日本での生息環境も異なってい
る。サンコウチョウは樹冠の閉じた
暗い林を好み，キビタキはさまざま
な林に住める適応力があり，オオル
リは沢沿いの林を好む。オオルリは
沢沿いという限定された森林を好む
ため，分布にそれほど大きな変化が
起きないのかもしれない。また，キ
ビタキは適応力が高いため，森林の
成熟に応じて，年々，分布を拡大さ
せてきたのかもしれない。そしてサン
コウチョウは森林の成熟が進み，
ようやく最近になって好適な場所が
増えたのかもしれない。現時点で
は，いずれも可能性が考えられるだ
けで本当の理由はよくわからない。
今回の調査では，この3種以外の多
くの種についても情報が集まってき
ているので，それらの生態的特性と
分布の変化について検討していくこ
とで，原因を明らかにしていきたい。

巣作りをする雄っぽいキビタキの謎
～雄化したキビタキ雌の繁殖記録

バードウォッチングを続けていると，時々目を疑うような光景に出会うことがある。本稿の写真を見たとき，この雄のような羽衣の個体は，実は雌であることがすぐに納得できるだろうか？ 驚きの観察記録を紹介しよう。

文 ● 秋山幸也

Profile あきやま・こうや
相模原市立博物館学芸員（生物担当）。バードウォッチャーによる地道な観察から生まれた，今回のホームラン級の観察事例を世に知らしめたいと思い，嶋﨑さんご夫妻と連名で，日本鳥学会2019年度大会でポスター発表した。たくさんの人が訪れ，有意義な情報交換ができた。

巣作りに参加しないはずの雄

その写真の撮影者は毎日，マイ・フィールドへ通ってコツコツと写真を撮りためていて，筆者に時々おもしろい観察記録を送ってくれていた。2019年5月7日，連休明けの気だるい1日の終わり，いつものように電子メールに添付された画像ファイルを開けると，思わず「ああん？」と声を出してしまった。あり得ない画像がそこにあったのだ——雄のキビタキが巣材を運んでいる！（写真1，2）

キビタキの繁殖生態については中村・中村（1995）などに詳しいが，基本的に雄は巣作りに参加しないことが知られている。では，この写真の雄は何なのか，キビタキもイクメン時代に突入したのだろうか……？ そんな擬人化を考えていても始まらない。1日ほど疑問を整理しながら推察したのは，雌の雄化である。以前読んだ，サンコウチョウの雄化した雌の繁殖記録（山下・山下 2009）を思い出したからである。

このキビタキについて研究者の意見をもらおうと，我孫子市鳥の博物館の小田谷嘉弥学芸員と新潟県佐渡島の岡久雄二さんへ，写真とともに報告を送った。岡久さんは富士山ろ

写真1 雄のような羽色の個体が，巣材となるシュロの繊維をくわえる　写真 ● 嶋﨑一春

くでキビタキの生態を研究してきた，名実ともにキビタキ博士だ。2人からは，キビタキの雄化の可能性が極めて高く，非常に珍しい事例であるという返答があった。そうなると，とにかくこの眼でその個体を確かめたいと思い，撮影者の嶋﨑一春さん，えつ子さん夫妻に連絡を取る

と，二つ返事で案内を快諾してもらえた。現場は相模原市内の樹林に被われた公園だ。ミズキ類とコナラが混在する明るい落葉広葉樹林にその巣はあった。

雄化雌が抱卵している

そのときに撮影したのが写真3である。雄化個体は、クマノミズキの枝分かれした叉の洞に作った巣に入り、頭がわずかに見える状態だった。数日前から抱卵に入った様子だと、嶋﨑さんから聞いた。すると、そばで雄のさえずりが始まった（写真4）。嶋﨑さんによると、その雄はいつもこのあたりにいて、ほかの雄を追い払うなどなわばりの防衛行動をとり、周囲にソングポストが複数あるとのこと。これでつがい関係がほぼ確定し、雄化した雌による繁殖行動であることが判明した。

その後

ここまで来たら、後は卵が無事に孵化するのか？　という点に注目して嶋﨑さんは観察を続け、筆者もできる限り現場に通った。そして抱卵を確認した日から12日目、雄化雌に動きがあり、巣を頻繁に出入りするようになったと嶋﨑さんから連絡があった。近くでさえずっていた雄も、おそるおそる？　給餌を始めようとしているとのこと。いてもたってもいられず、翌日さっそく行ってみると、雄化雌による雛の糞の運び出しを確認できた（写真5）。孵化の証拠である。それから約1週間、雌雄による給餌は軌道に乗り、さて次は巣立ち——どんな雛が出てくるのだろうと期待を膨らませていた矢先、残念な結末が訪れた。

5月27日、現場へ行くと巣のあたりに冷たい静寂がまとわりついている。先に来ていた嶋﨑さんによると、今朝方、どうやらヘビにやられてしまったらしいとのこと。このあたりはアオダイショウをはじめとするヘビの密度が高い。状況証拠しかないが、間違いないだろう。最後は野生の現実を突きつけられたが、春はまたやってくる。ここで同じ個体にまた会えることに期待して、季節が巡るのを待とうと思う。

【引用文献】
中村登流・中村雅彦（1995）. 原色日本野鳥生態図鑑—陸鳥編. 保育社
山下信子・山下幸雄（2009）サンコウチョウにおける雄化した雌個体の繁殖記録. BINOS（16）:47-49. 日本野鳥の会神奈川支部

Memo　雄化雌

雌の雄化は、鳥ではカモ類などでよく知られた現象だ。卵巣機能に異常があり、雌のホルモンが正常に分泌されないことが原因で、羽衣が雄化する。雄化しても雌の生殖能力が維持されるかは未解明だが、少なくとも本稿のケースでは維持されていると考えられる。

写真2　写真1と同一個体。巣材となるクモの卵のう？を運ぶ　写真●嶋﨑一春）

写真3　クマノミズキに作られた巣内で抱卵する雄化雌　写真●秋山幸也

写真4　巣の近くでさえずる雄。雄化雌とつがいの個体　写真●秋山幸也

写真5　雄化雌による雛の糞の運び出し　写真●秋山幸也

リュウキュウキビタキは何者か？

文 ● 茂田良光

Profile しげた・よしみつ
中学生のころから鳥類に関心をもち，鳥の本や図鑑を見るようになる。バンディングは1972年に開始し，現在も続けるが，特に各種鳥類の識別と形態，渡りに興味を抱く。文一総合出版の日本の生物（後のバーダー）にて，1988年〜2000年に「形態と識別1〜44」を連載する。国内，北アメリカから極東ロシア，東アジアに出かけ，調査・研究を継続中。

キビタキとリュウキュウキビタキ

キビタキは，日本鳥類目録改訂第7版（日本鳥学会，2012）では，亜種キビタキ *Ficedula narcissina narcissina* と亜種リュウキュウキビタキ *Ficedula narcissina owstoni* の2亜種がいるとされている。しかし，日本鳥類目録改訂第2版（1932年）および3版（1942年）では，亜種マミジロキビタキ，亜種キビタキ，亜種ヤクシマキビタキ，亜種アマミキビタキ，亜種リュウキュウキビタキの5亜種を認めている。改訂第4版（1958年）では，亜種キビタキ，亜種ヤクシマキビタキ，亜種リュウキュウキビタキの3亜種を認めている。その後の改訂第5版（1974

リュウキュウキビタキ雄成鳥。下雨覆は，キビタキの下雨覆より白い傾向がある　2016年12月 沖縄県石垣市　撮影 ● 西 教生

基亜種キビタキ雄第1回夏羽　2008年5月

亜種ヤクシマキビタキ雄第1回夏羽　2007年5月

リュウキュウキビタキ雄成鳥　2006年5月 鹿児島県十島村トカラ列島中之島

リュウキュウキビタキ
雌第1回夏羽
2019年4月 沖縄県
名護市名護岳

年) 以降は, マミジロキビタキを独立種とし, 亜種キビタキと亜種リュウキュウキビタキの2亜種しか認めていない。亜種アマミキビタキはまだ研究が必要であり, 謎のままである。本稿では, 亜種キビタキ(以下, キビタキ)と亜種リュウキュウキビタキ(以下, リュウキュウキビタキ)を2種として扱い, 両種の識別と分類を紹介する。

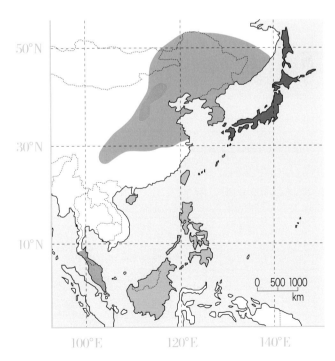

それぞれの分布域

図1

キビタキ繁殖地●	マミジロキビタキ越冬地●
キビタキ越冬地●	キムネビタキ繁殖地●
マミジロキビタキ繁殖地●	キムネビタキ越冬地

リュウキュウキビタキの巣立ち雛。キビタキよりやや小さく，嘴が細い。成鳥の羽色になるのはキビタキより1〜2年遅く，3〜4年かかる。キビタキのように，生まれた翌年には雌雄の識別はできない　2013年4月沖縄県名護市西銘岳　撮影 ● 渡久地 豊

リュウキュウキビタキ雄第1回夏羽　2019年4月 沖縄県名護市名護岳　撮影 ● 山田真司

リュウキュウキビタキ雄成鳥。嘴がキビタキより細く，眉斑と喉から胸の色が，キビタキのようなオレンジ色よりも淡い黄色である　2019年3月沖縄県糸満市東里　撮影 ● 森河貴子

　リュウキュウキビタキは，形態と鳴き声，DNA解析を根拠に，亜種のない独立種とする説があるが，キビタキ，マミジロキビタキ，キムネビタキ，リュウキュウキビタキの4種または4亜種は互いに類似し，識別が難しいため分類も一定でなかった。最近は，世界的にマミジロキビタキとキムネビタキはそれぞれ別種とし，キビタキは，キビタキとリュウキュウキビタキの2亜種とする傾向が強い。しかし，2018年5月の西表島，2019年4月の沖縄本島における茂田他によるリュウキュウキビタ

キの研究によれば，サンプル数は十分ではなく，分布も分類も今後の調査研究が必要である。

分布と識別

　キビタキは，サハリン，南千島，北海道，本州，四国，九州，佐渡，対馬，屋久島，中国北東部で繁殖し，沖縄，フィリピン，台湾，海南島，マレー半島，ボルネオで越冬する。一方，リュウキュウキビタキは，屋久島から沖縄諸島にほぼ留鳥として分布し，長距離の渡りはしない。

　マミジロキビタキは，ロシアのトランスバイカリア地方，アムール，ウスリー，モンゴル東部から中国東部，朝鮮半島で繁殖し，マレー半島で越冬する。日本国内では繁殖していない。キムネビタキは，中国東部の湖北省，陝西省で繁殖し，インドネシアのスマトラ島，およびタイ南部で越冬する。

　キビタキとリュウキュウキビタキの識別は難しく，両亜種の分布についても明確には知られていないのが現状である。特にリュウキュウキビタキは，日本固有亜種または固有種

リュウキュウキビタキ雄成鳥。キビタキ雄成鳥に比べ，上面の黒色がオリーブ色を帯びる。腰の黄色味もキビタキより淡い　2006年11月　沖縄県宮古島　撮影 ◉ 仲地邦博

リュウキュウキビタキ雄成鳥　2007年6月　沖縄県宮古島　撮影 ◉ 仲地邦博

リュウキュウキビタキ雄第1回夏羽。喉から胸にかけての黄色味がキビタキよりずっと小さい2007年7月 沖縄県宮古島　撮影 ◉ 仲地邦博

リュウキュウキビタキ雄第2回夏羽。眉斑と腰に黄色味がある。キビタキは雄第1回夏羽で眉斑と腰に黄色味がある　2006年7月　沖縄県宮古島　撮影 ◉ 仲地邦博

であり，繁殖は日本以外からは確認されていない。環境省レッドリスト2020では，情報不足（DD）に指定されている。

　リュウキュウキビタキは，キビタキより下面が淡い黄色で，上面が淡いオリーブ色を帯び，眉斑は淡く，やや細い。三列風切外弁の羽縁が白いのがキビタキとは異なっている。キビタキより成鳥の羽色になるのが遅く，3〜4年かかるが，個体差が大きく，今後の研究が必要である。

　香港の最南端にある蒲台島（Po Toi Island）では，2006年3月26，30日に雄成鳥1個体の写真記録が迷鳥としてある。

形態

　リュウキュウキビタキは，キビタキと比較し，雌雄とも成鳥では下嘴の基部の淡色部が小さく，キビタキのような青灰色ではなく，黒色味が強い。幼鳥も同様の傾向がある。雄の小雨覆は，キビタキと異なり青灰色である。

　トカラ列島中之島のリュウキュウキビタキは，幼鳥，成鳥とも上面のオリーブ色味が弱く，キビタキに似ている。眉斑と喉から胸の黄色もオレンジ色味が強い。また，さえずりもキビタキに似ている。幼羽から成鳥の羽色になるのも，リュウキュウキビタキのように数年はかからないで，キビタキのように約2年で成鳥の羽色になる。このように，鳥によっても形態が異なることもあり，リュウキュウキビタキは，謎が多い鳥である。

生きものと自然の魅力を発見！

BuNa［ブナ］は株式会社文一総合出版が運営する、
生きものが好きになる web メディアです。

BuNa
Bun-ichi Nature Web Magazine

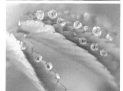

特選 『夏のヒタキ類』と出会える探鳥地

文 ● 石田光史, 倉沢康大
写真 ● 石田光史

Profile いしだ・こうじ

1970年, 福岡県生まれ。アルパインツアーサービス(株)鳥の観察会事業部所属。Eagle eye と称されるずば抜けた視力を生かして, 野鳥だけでなく哺乳類観察も可能なツアーを企画している。著書に『ぱっと見わけ観察を楽しむ 野鳥図鑑』(ナツメ社) がある。

Profile くらさわ・こうた

1986年, 神奈川県生まれ。大阪在住, 鳥見歴27年のサラリーマンバーダー。学生時代を北海道で過ごし, 海鳥の研究に従事。現在は近所の山や河川敷での鳥見と, 冬の琵琶湖での珍カモ探しが楽しみ。

オオルリやキビタキをはじめとする「夏のヒタキ類」たちが暮らしているのは, 清涼な風に草花や木々の枝葉がそよぐ高原や, 山懐を流れる川沿いの森の中だ。景観にも優れたとっておきの14の探鳥地を紹介しよう。

※地図内の赤文字・破線で囲った部分は観察適地, 道路上の赤い破線は探鳥コースを示す。

朱鞠内湖 【しゅまりないこ】 (北海道幌加内町)

幻の魚イトウがすむ湖として, 特に釣り人によく知られる朱鞠内湖は, 湖岸周囲40kmという巨大な人造湖だ。周囲は深い森に覆われ, それだけで鳥影の濃さを感じるが, 湖の南側にある朱鞠内湖キャンプ場周辺が, 探鳥地としては最も優れたロケーションといえる。キャンプ場らしく芝生の広場や, 広葉樹林, 針葉樹林がほどよくミックスされ, さらに湖畔にあるため水場が近く, 多くの野鳥が好む環境になっているのだ。季節的には5月中旬～下旬が最適だが, まだ雪が残っていることも珍しくない。

芝生広場や遊歩道沿いではオオジシギやヤマゲラと出会うことが多く, 運次第だが, クマゲラと遭遇することもある。新緑の広葉樹林にはキビタキ, コルリ, クロツグミの歌声が響き, それらに混じってコサメビタキ, センダイムシクイ, ニュウナイスズメ, アカハラなどの声も耳にするだろう。本州ではなかなか出会えないツツドリが梢で鳴く姿を見ることも多く, 随所で北海道らしさを感じるはずだ。(石田)

アクセス／鉄道・バス:JR宗谷本線「名寄駅」からJR北海道バス・深名線で約1時間, 「湖畔」下車。／車:旭川空港から国道275号経由で約2時間。

メモ・注意点／美しい鳥の声が聞こえると, 脇目も振らずに声のする場所に近づいてしまいがちだが, キャンプ場内では, 利用者に迷惑をかけない行動をとるのが鉄則だ。また, この時期のキャンプ場周辺では, 残雪の中に咲き乱れるエゾエンゴサク, カタクリが見られ, こちらも必見である。

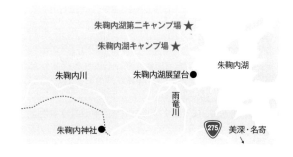

戦場ヶ原 【せんじょうがはら】 (栃木県日光市)

戦場ヶ原は, 男体山や太郎山といった奥日光の秀峰を一望できる標高約1,400mの平坦地に広がる高層湿原。ハイカーに人気の場所で, 湿原と周囲の広葉樹林・針葉樹林内には遊歩道がよく整備されている。

初夏, 湯滝から森内に入るとキビタキのさえずりが響き, 姿もところどころで目にするだろう。キビタキとともにコサメビタキが多いのも当地の特徴だ。湯川沿いのエリアでは針葉樹の梢で歌うオオルリを見ることも珍しくなく, ミソサザイやカワガラスといった渓流の鳥たちにも期待したい。泉門池を過ぎると視界が広がり, 戦場ヶ原が見渡せるようになる。湿原に立つ枯れ木にはアカゲラがよく止まっているほか, ノビタキが遊歩道近くで見られることもある。ホオアカ, ビンズイ, ニュウナイスズメ, ウグイス, アオジなども常連で, 6月初旬になると, 真っ白なワタスゲの花々とともにこれらの鳥たちを観察できる。さらに夕方になると, 湿地内の低木に止まるオオジシギの姿を目にするはずだ。(石田)

アクセス／鉄道・バス:JR日光線「日光駅」・東武日光線「東武日光駅」から東武バスで約1時間30分, 「湯滝入口」下車。／車:日光宇都宮道路「清滝IC」から約40分。

メモ・注意点／湿原内の木道はそれなりの道幅があるが, 観察時はハイカーの邪魔にならないよう配慮したい。

瑞牆山 山麓 【みずがきやま さんろく】 （山梨県北杜市）

化や浸食によってゴツゴツとした岩盤が露出し，岩山が林立している様相の瑞牆山（2,230 m）は，日本百名山の一つにも数えられる登山者に人気の山だ。その山すそには広葉樹林が広がり，新緑の季節は，森にヒタキ類のさえずりが絶えることなく響き渡っている。

森の中を縫うように流れる本谷川沿いが観察に適しており，増富温泉（増富ラジウム温泉）からクリスタルラインまで，川に沿って続く車道を歩くのがおすすめのコースだ。オオルリの個体数が多く，樹上から降り注ぐようにさえずり

が聞こえてくる。キビタキの数も引けをとらず，新緑の鮮やかな森に響く軽快なさえずりを耳にするだろう。ほか，キセキレイやミソサザイともよく出会う。（石田）

アクセス／鉄道・バス：JR中央本線「韮崎駅」から「増富温泉峡」まで山梨峡北交通バスで約1時間10分。／車：中央自動車道「須玉IC」から約30分。

メモ・注意点／車で現地入りする場合，コース上はどこも道幅が狭いため，駐車できる場所は限られる。

ミソサザイ

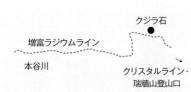

増富ラジウム
温泉郷

増富の湯

韮崎

増富ラジウムライン

本谷川

クジラ石

クリスタルライン・
瑞牆山登山口

戸隠高原 【とがくしこうげん】 （長野県長野市／信濃町）

野市北部から信濃町にまたがって広がる標高1,000〜1,200 mの高原。2000年の歴史をもつ戸隠神社が鎮座する霊場として知られるほか，夏は避暑のために訪れる観光客も多い。

探鳥地として，まずおすすめの場所は戸隠森林植物園だ。「キビタキならここ！」といっても過言ではないほど密度が高く，新緑の季節は数十mも歩かぬうちに，次のキビタキと出くわすほどだ。コサメビタキもよく目にするほか，コルリやクロツグミの見やすさという点でも，比肩する探鳥地がほかにはないほどである。園内は木道が整備されているが，積雪量が多いからか最近は損傷箇所が目立つようだ。木々が倒れ，森そのものが薄くなっていることも気がかりである。

鏡池まで足を伸ばせばノジコ，ニュウナイスズメ，オシドリなども見られ，付近の牧場やキャンプ場では，歩き回るコムクドリにもよく出会う。（石田）

コルリ

クロツグミ

戸隠神社奥社
参道入口

戸隠森林植物園 ★

鏡池

長野
市街

アクセス／鉄道・バス：JR「長野駅」からアルピコ交通バスで約1時間10分，「森林植物園」下車。／車：上信越自動車道「信濃町IC」から約30分。

メモ・注意点／木道を歩くことが多く，長時間の場所の占有など，ハイカーの通行の妨げにならないよう注意。

大厳寺高原 【だいでんじごうげん】 （新潟県十日町市）

美しい棚田の景観で知られる十日町市は，まるで昔話の世界に迷い込んでしまったかのような，日本の原風景といった趣の地だ。大厳寺高原は，同市松之山地区の棚田が広がる斜面を登り詰めると現れる，標高700mほどのこじんまりとした印象の高原。長野県との県境に近く，不動池とよばれる池を中心にキャンプ場，レストハウス，牧場などがある。

探鳥コースは，不動池の畔から天水越のブナ林と呼ばれる見事なブナの美林を右手に望みながら舗装された道を進む。道はブナ林の中へと続き，初夏には，雪解け水で水量が増した眼下の沢が音を立てて流れている。森を流れる沢の周辺は特にオオルリが好んで生息する環境だ。ここもその例にもれず，ちょっと歩けばオオルリに当たるといっても過言ではないほど個体数が多く，伸びやかなさえずりが頭上からシャワーのように降り注いでくる。

沢沿いではキセキレイやミソサザイ，キビタキとも出会えるほか，ジュウイチの姿を見ることも珍しくない。また，まれにメボソムシクイの声が聞こえることもある。（石田）

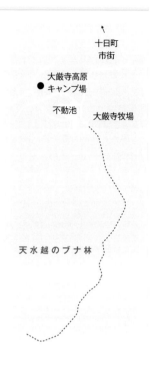

オオルリ

アクセス／鉄道・バス：北越急行ほくほく線「まつだい駅」下車。路線バスはなく，現地まではタクシー利用。／車：関越自動車道「塩沢石打IC」「越後川口IC」から約1時間，北陸自動車道「上越IC」から約1時間。

メモ・注意点／6月初旬でも雪が残っていることが多く，積雪のためコース途中で通行止めになっていることがある。

野辺山高原 【のべやまこうげん】 （長野県南牧村）

八ヶ岳東側の山ろくに広がる標高約1,200mの高原。玄関口となるJR小海線の野辺山駅の標高は1,345mあり，JR線最高地点にある駅として知られている。

野辺山高原は草原や森林のほか，点在するスキー場や観光牧場といったレジャー施設も野鳥たちにとって良好な生息環境となっており，看板や柵の上などにノビタキが止まっている姿をよく目にする。草地ではホオアカ，コヨシキリ，ビンズイを見かける機会が多く，数は少ないがオオジシギにも出会える。また，ヒバリ，キジ，モズ，コクムドリのほか，高原らしくカッコウやホトトギスの声も耳にするだろう。

森に入るとキビタキ，コサメビタキが多く，新緑の時期にはサンショウクイともよく出会う。カラマツ林ではノジコも見られ，アオジとノジコが一緒に見られるというのも，野辺山高原の特徴の一つだ。沢沿いではオオルリのほか，コルリも比較的よく見られる。（石田）

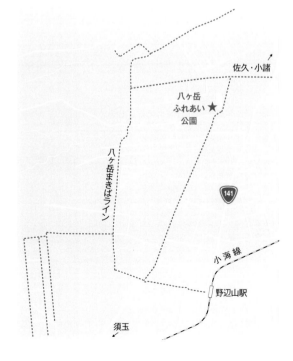

アクセス／鉄道・バス：JR小海線「野辺山駅」下車。／車：中央自動車道「長坂IC」から約30分。

メモ・注意点／野辺山高原は高原野菜でも知られる場所。農耕地近くの道路上では，農作業の邪魔にならないよう注意。

上高地 【かみこうち】 （長野県松本市）

上高地は北アルプス南部に位置する槍ヶ岳に源を発する梓川が，火山活動によって堰き止められて誕生した堆積平原と呼ばれる平坦地である。大正池，河童橋，明神池といった景勝地や，穂高連峰への登山口として，全国的によく知られる観光地だ。標高約1,500ｍ，林床にササが茂る針葉樹林が見られる典型的な亜高山帯の景観で，このような環境を好むコマドリの「ヒンカラララ……」という鳴き声は，夏の上高地の音風景ともいえる。

探鳥コースは，梓川に沿って小梨平〜明神橋〜岳沢湿原〜河童橋とたどるのがおすすめだ。道はほぼ未舗装，あるいは木道になっているが，道幅もあり歩きやすい。上高地のコマドリはあまり警戒心が強くないため，歩行中に足元から鳴き声が聞こえて驚くこともある。オオルリもよく見かけ，川のせせらぎがかき消されてしまうほどの声量でさえずる姿を目にする。コース上ではほかにもキビタキ，アカハラ，キセキレイなどが観察できるほか，コマドリと同様，ササがある環境を好むクロジともよく出会う。（石田）

アクセス／鉄道・バス：アルピコ交通上高地線「新島々駅」からアルピコ交通バスで約1時間，「上高地バスターミナル」下車。／車：上高地は通年マイカー規制されており，沢渡（さわんど）駐車場，あかんだな駐車場からシャトルバス利用。「上高地バスターミナル」まで約30分。

メモ・注意点／木道はそれなりの道幅があるが，人気の観光地らしく，人の往来は多いため，通行の妨げにならないよう配慮を。

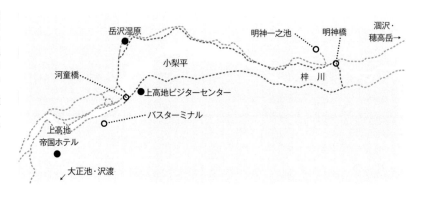

富士山 北麓 【ふじさん ほくろく】 （山梨県富士河口湖町ほか）

日本一の山，富士山の北側の山麓に点在する森林や公園は，ほぼすべてが探鳥地といっていいほどだ。富士山は広いすそ野をもつ独立峰ゆえに山すそに起伏が少なく，森林も比較的平坦なエリアに分散するようなかたちで存在するため，日本アルプスの山麓や秩父山系などで見られるような森の深さはあまり感じられない。しかし，早朝を中心に，コルリ，キビタキ，クロツグミ，ノジコ，アカハラといった鳥たちのコーラスが木々の間に響き渡り，鳥影の濃さを実感するだろう。

コルリの個体数の多さが富士山麓の森の特徴でもあったのだが，ここ数年は以前と比べ見られる機会が減ってしまったのが残念だ。キビタキの数も多いが，高い樹木の枝に止まった個体を見上げるような角度で観察しなくてはならないという，平坦地ならではの難点がある。木々が込みあうように自生している森も多く，見やすさといった点で良好な環境とは言えない場所がある。（石田）

アクセス／鉄道・バス：富士急行線「河口湖駅」から富士登山バスで約15分，「富士山科学研究所」下車。／車：中央自動車道「河口湖IC」，東富士五湖道路「富士吉田IC」から10〜15分ほど。

メモ・注意点／公園以外では歩道が整備されている場所が少なく，車道からの観察になる場合もあるため，車への注意が必要。一帯は別荘地も多く，許可なく敷地へ立ち入らないように。

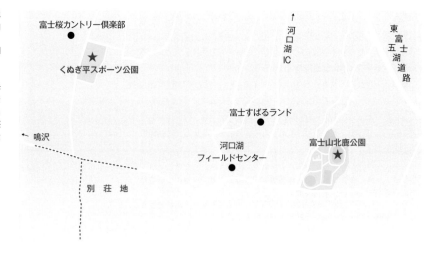

霧ヶ峰 【きりがみね】（長野県諏訪市ほか）

標 高約1,600mの霧ヶ峰は, 車山湿原, 八島ヶ原湿原などの高層湿原と, 高原に咲く花々でよく知られている。5月はコバイケイソウ, 6月はレンゲツツジ, 7月はニッコウキスゲ, 8月はマツムシソウと, 夏の間は毎月のように見どころが変わる。いずれの花もシカの食害で年々その数を減らしているとはいえ, 彩り豊かなロケーションに優れた探鳥地であることには変わりない。

全体的になだらかな斜面に草原が広がる環境で, それぞれのエリアで見られる野鳥に大きな変化はない。代表種はノビ

タキで, ほとんどの場所で出会える。ほか, ビンズイ, ホオアカ, コヨシキリ, カッコウ, モズなども目にするはずだ。(石田)

アクセス／鉄道・バス：JR中央本線「茅野駅」からアルピコ交通バスで約60分,「車山高原」下車。／車：中央自動車道「諏訪IC」「諏訪南IC」から約40分。

メモ・注意点／ビーナスラインの各駐車場を拠点に, 遊歩道を歩きながら鳥を探す。遊歩道は岩が飛び出している場所も多く, 軽登山靴を履いての探鳥をおすすめしたい。オオルリやキビタキは, ビーナスラインを少し下った白樺湖付近で探すといいだろう。

ノビタキ

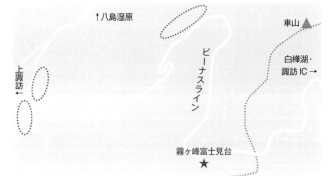

麦草峠 【むぎくさとうげ】（長野県茅野市・佐久穂町）

長 野県茅野市と佐久穂町の境界にある標高約2,120mの峠で, メルヘン街道とも呼ばれる国道299号線のほぼ最高地点にあたる。周辺はシラビソ, コメツガ, トウヒの針葉樹林が広がる典型的な亜高山帯の森林になっており, 真夏でも霧が出るとひんやりとした空気が流れる。白駒池などへ向かうハイキングコースの起点でもあり, 有料の駐車場もある。

ここの主役はコマドリやルリビタキ, ビンズイといった亜高山帯らしい小鳥たち。夏の早朝に訪れると, 峠一帯はコマドリのさえずりが響き渡っているはずだ。白駒池へ続くハイキングコース上の森(白駒の森)は「苔の森」としてもよく知られており, 林床は緑の絨毯のようにコケで覆われている。コース上ではサメビタキの姿を見ることがあるほか, 白駒池周辺ではオオルリとも出会えるだろう。(石田)

ルリビタキ

アクセス／鉄道・バス：JR中央本線「茅野駅」からアルピコ交通「麦草峠」行きバスで約65分,「麦草峠」または「白駒池入口」下車。／車：中央自動車道「諏訪IC」から約60分, 中部横断自動車道「八千穂高原IC」から約40分。

メモ・注意点／麦草峠駐車場から白駒池に向かう遊歩道は木道も整備されているが, 高低差がある場所も多く足元には注意が必要。峠周辺では車道脇や駐車場からの探鳥になるため, 車の往来の妨げにならないよう配慮したい。

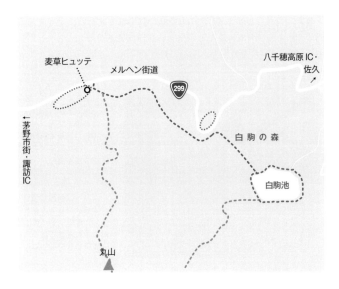

兵庫県立ささやまの森公園 （兵庫県丹波篠山市）

兵庫県, 大阪府, 京都府の3府県の境界に位置する公園で, 手軽に夏のヒタキ類を観察できるスポットだ。

公園入口から水辺の広場を経て, 片道1.5kmほどの沢沿いの車道（一般車は通行不可）を緩やかに登りながら進むと, サンショウクイやホトトギス, ツツドリが鳴きながら上空を飛び回っており, 早くも林内からはオオルリやキビタキのさえずりが聞こえてくる。谷が狭まりスギ林が目立つ林相になると, サンコウチョウの美声を耳にするだろう。声を頼りに木立を見上げると, 樹冠部をひらひらと舞う姿が見られ, 目線に近い高さまで下りてくることも珍しくない。サンコウチョウの飛来時期は概ねゴールデンウィークを過ぎたころである。（倉沢）

巣材をくわえたキビタキ雌

アクセス／鉄道・バス：JR山陰本線「園部駅」から京阪京都交通バス園部線で約30分,「川原東」下車, 徒歩約20分。／車：舞鶴若狭自動車道「丹南篠山口IC」から約30分。

メモ・注意点／車道が途切れる地点まで歩くと, アカショウビンの特徴的な声が聞こえてくることがあり, 運がよければその姿を観察できる。

箕面公園 【みのおこうえん】 （大阪府箕面市）

箕面公園は, 大阪市内から電車で約30分とアクセスがよく, 渓流沿いを散策しながら探鳥を楽しむことができる。

コースは箕面川に沿って箕面大滝まで, 片道1時間ほどの道のり。キセキレイやカワガラスなどの姿を見ながら進んでいくと, 滝に近づくにつれてオオルリの声をよく耳にするだろう。彼らは高い木の樹冠部の目立つ枝に止まってさえずることが多いので, 声が聞こえたらじっくりと探してみよう。

余力があれば, 滝から箕面ビジターセンターまで足を伸ばしてみたい。ビジターセンター付近もオオルリが観察しやすいポイントで, 渡りの時期にはコマドリが見られることもある。また, 周辺の自然研究路ではサンコウチョウのさえずりを聞くこともある。

車利用ならエキスポ'90みのお記念の森もおすすめだ。よく整備された明るい公園で, オオルリやキビタキとの出会いが期待できるほか, バードバスが設置されており, さまざまな鳥たちが水浴びにやって来る。（倉沢）

サンコウチョウ

アクセス／鉄道・バス：阪急箕面線「箕面駅」下車, 公園入口まで徒歩約5分。／車：大阪市内方面からは国道423号（新御堂筋）を北上し, 白鳥交差点を左折, 府道9号を箕面公園方面へ。

メモ・注意点／箕面ビジターセンターの周囲には, 野生のニホンザルが多数生息している。観光客による餌やりで人慣れしているものもおり, 油断していると荷物などを荒らされる可能性がある。サルを見かけても近寄らないように。

大原野森林公園 【おおはらのしんりんこうえん】・ ポンポン山 （京都府京都市）

大 阪府北部の高槻市と京都市の境に位置する標高678.8mのポンポン山は ハイカーに人気の山で，北側斜面の大原野森林公園と組み合わせたコース をたどれば，夏鳥観察とハイキングが同時に楽しめる。

森の案内所から西尾根コース（西尾根園路）を経てポンポン山の山頂へ至る ルートが，比較的勾配も緩やかで歩きやすい。コース序盤の沢沿いではオオル リ，明るい広葉樹林が広がる西尾根の稜線では，キビタキ，センダイムシクイ， サンショウクイなどに期待できる。特にキビタキは数が多く，木々が芽吹く前 の時期には，複数羽の雄がなわばり争いをしている様子が見られることもある。

時間と体力に余裕があれば，ぜひポンポン山の山頂を目指したい。山頂から は京都市内や大阪北部を一望することができる。（倉沢）

キビタキ

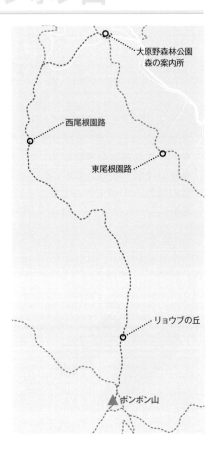

アクセス／鉄道・バ ス：JR京都線「高槻 駅」から高槻市営バスで約 50分，「中畑回転場」下車， 森の案内所まで徒歩約50分。 ／車：京都縦貫自動車道「大 原野IC」から森の案内所まで 約20分。

メモ・注意点／バスの 本数は少なく，バス停 からの距離もあるため，車利 用をおすすめする。コースは 山歩きが主体となるので，時 間に余裕をもって行動した い。

弥山・八経ヶ岳 【みせん・はっきょうがたけ】 （奈良県天川村・上北山村）

近 畿地方の最高峰の八経ヶ岳（1,915m）とその 隣の弥山（1,895m）は，亜高山帯の鳥の宝庫 といえる場所だが，山頂までの道のりは3時間を超 え，本格的な登山を伴う健脚向きの探鳥コースだ。

スタート地点となるのが標高約1,100mの行者 還登山口。まずはオオルリやミソサザイが出迎え てくれるだろう。1,450mの稜線まで一気に標高 を上げると明るい広葉樹林が広がり，キビタキ，ア カハラ，ビンズイ，キツツキ類のほか，運がよけれ ばヤマドリに出会えるかもしれない。

弥山山頂までの階段の急登に差し掛かり，周囲 が針葉樹林になってくると，亜高山性のルリビタキ やメボソムシクイの声を耳にするようになる。姿 を見つけにくい鳥たちではあるが，個体数は多い ので，近くでさえずりが聞こえたらじっくり探して みよう。

体力に余裕があれば，さらに八経ヶ岳まで足を 伸ばしたい。トウヒやシラベなどが林立する美し い原生林を歩くルート上では，コマドリが美声を響 かせているだろう。（倉沢）

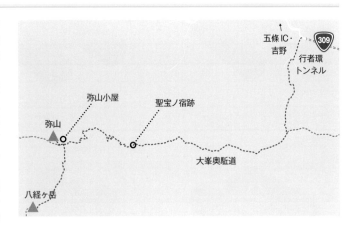

アクセス／車：京奈和自動車道「五條IC」から約1時間半，駐車場は行者還トン ネル西口にある（有料）。

メモ・注意点／行者還登山口までの公共交通機関はない。往復で5時間以上の コースになるため，登山装備は必須。食料のほか，天候の急変に備えて雨具，夏 も防寒対策をとって臨みたい。

夏のヒタキウォッチングにベストマッチな双眼鏡30

構成 ● BIRDER

オオルリ, キビタキ, サンコウチョウは, どれも森に暮らす鳥だ。高品質な双眼鏡があれば, 枝葉の影に隠れた彼らを見つけ出すのもたやすい。ここでは, 1万円台〜5万円台の初級〜中級モデルとされる機種から, 夏のヒタキ類観察にぴったりな「よく見える」30台を紹介しよう。

●記号凡例 A：倍率 B：対物レンズ有効径 C：アイレリーフ D：ひとみ径 E：1,000mにおける視界 F：実視界 G：最短合焦距離 H：大きさ（長さ×幅×高さ）I：重さ J：希望小売価格（税別）

▶▶▶ 対物レンズ径 20mmクラス "手のひらサイズの双眼鏡。登山を兼ねた探鳥に最適"

コーワ SV25-8

A：8倍 B：25mm C：15mm D：3.1mm E：108m F：6.2° G：1.5m H：104×108×42mm I：260g J：12,000円 ※10倍モデル「SV25-10」は13,000円

オリンパス 8×25 WP II

A：8倍 B：25mm C：15mm D：3.1mm E：108m F：6.2° G：1.5m H：104×107×44mm I：260g J：オープン ※10倍モデル「10×25 WP II」あり。ボディカラーはフォレストグリーン（写真）のほか ディープパープルあり（10×25 WP IIのボディカラーはブラックのみ）

ペンタックス AD 8×25 WP

A：8倍 B：25mm C：21mm D：3.1mm E：96m F：5.5° G：3m H：110×105×40mm I：300g J：14,000円 ※10倍モデル「AD 10×25 WP」は17,000円

ビクセン
NEW APEX
（ニューアペックス）HR8×24

A：8倍 B：24mm C：12mm D：3mm E：108m F：6.2° G：5m H：95×67×43mm I：220g J：24,000円

ケンコー
Avantar（アバンター）8×25ED DH

A：8倍 B：25mm C：14.5mm D：3.1mm E：110m F：6.3° G：3m H：107×115×39mm I：300g J：28,500円 ※10倍モデル「Avantar 10×25ED DH」は33,000円

コーワ BD25-8GR

A：8倍 B：25mm C：15.8mm D：3.1mm E：110m F：6.3° G：1.8m H：111×107×39mm I：320g J：26,000円 ※10倍モデル「BD25-10GR」は28,000円

MAVEN（メイヴェン）
C2 10×28 グレー オレンジ

A：10倍 B：28mm C：15mm D：2.8mm E：80m F：5° G：3m H：117×114×43mm I：357g J：30,000円

ツァイス
Terra（テラ）ED Pocket 8×25

A：8倍 B：25mm C：16mm D：3.1mm E：119m F：1.9m G：111×115mm（長さ×幅）I：310g J：42,000円 ※10倍モデル「Terra ED Pocket 10×25」は46,000円

ニコン 8×20HG L DCF

A：8倍 B：20mm C：15mm D：2.5mm E：119m F：6.8° G：2.4m H：96×109×45mm I：270g J：50,000円 ※10倍モデル「10×25HG L DCF」は55,000円

▶▶▶ 対物レンズ径 30 mm クラス "公園散策からハイキングまで，普段使いにオススメ"

コーワ YF II 30-8

A：8倍 B：30mm C：16mm D：3.8mm E：132m F：7.5° G：5m H：114×160×48mm I：475g J：15,000円 ※6倍モデル「YF II 30-6」は14,000円

ニコン
PROSTAFF（プロスタッフ）7S 8×30

A：8倍 B：30mm C：15.4mm D：3.8mm E：114m F：6.5° G：2.5m H：119×123×49mm I：415g J：22,500円 ※10倍モデル「PROSTAFF 7S 10×30」は25,000円

コーワ SV II 32-8

A：8倍 B：32mm C：15.5mm D：4mm E：136m F：7.8° G：2m H：138×124×50mm I：565g J：25,000円 ※10倍モデル「SV II 32-10」は26,000円

フジノン KF8×32W-R

A：8倍 B：32mm C：14.5mm D：4mm F：7.5° G：2.5m H：139×131×53mm I：470g J：28,000円 ※10倍モデル「KF10×32W-R」は32,000円

ケンコー ultraVIEW（ウルトラビュー）EX OP 10×32 DH III

A：10倍 B：32mm C：15.3mm D：3.2mm E：113.5m F：6.5° G：2.5m H：138×127.3×52mm I：470g J：40,700円 ※8倍モデル「ultraVIEW EX OP 8×32 DH III」は36,600円

ビクセン ATREK II HR8×32WP

A：8倍 B：32mm C：15mm D：4mm E：131m F：7.5° G：1.2m H：109×119×40mm I：390g J：26,000円 ※10倍モデル「ATREK II HR10×32WP」は28,000円

ペンタックス AD9×32 WP

A：9倍 B：32mm C：16mm D：3.6mm E：117m F：6.7° G：2.5m H：138×128×52mm I：500g J：37,000円

バンガード
ENDEAVOR（エンデバー）ED II 8320

A：8倍 B：32mm C：17.5mm D：4mm E：126m F：7.2° G：1.8m H：132×128mm（長さ×幅）I：540g J：36,000円

コーワ BD II 32-8XD

A：8倍 B：32mm C：16.5mm D：4mm E：154m F：8.8° G：1.3m H：116×124×51mm I：540g J：44,000円 ※6.5倍モデル「BD II 32-6.5×D」は44,000円，10倍モデル「BD II 32-10XD」は46,500円

ニコン
MONARCH（モナーク）78×30

A：8倍 B：30mm C：15.1mm D：3.8mm E：145m F：8.3° G：2m H：119×123×48mm I：435g J：45,000円 ※10倍モデル「MONARCH 7 10×30」は48,000円

ブッシュネル
FORGE（フォージ）10×30

A：10倍 B：30mm C：18mm D：3mm E：110m F：6.3° G：2m H：123×115×46mm I：395g J：59,000円

ツァイス Terra ED 8×32

A：8倍 B：32mm C：16.5mm D：4mm E：135m G：1.6m H：125×117mm（長さ×幅）I：510g J：54,000円 ※10倍モデル「Terra ED 10×32」は60,000円。ボディカラーはグレー（写真）のほかブラック，グリーンあり

▶▶▶ 対物レンズ径 40 mm クラス "じっくりと観察したい人には, 大口径レンズ搭載機がベスト"

ペンタックス SD 9×42 WP

A：9倍 B：42mm C：18mm D：4.7mm E：107m F：6.1° G：2.5m H：147×128×59mm I：665g J：45,000円 ※8倍モデル「SD 8×42 WP」は35,000円, 10倍モデル「SD 10×42 WP」は37,500円

コーワ SV II 42-8

A：8倍 B：42mm C：19.5mm D：5.3mm E：110m F：6.3° G：4m H：174×128×56mm I：665g J：28,000円 ※10倍モデル「SV II 42-10」は30,000円

ビクセン ATREK II HR8×42WP

A：8倍 B：42mm C：19mm D：5.3mm E：131m F：7.5° G：1.3m H：136×129×53mm I：695g J：31,000円 ※10倍モデル「ATREK II HR10×42WP」は33,000円

ニコン MONARCH 5 8×42

A：8倍 B：42mm C：19.5mm D：5.3mm E：110m F：6.3° G：2.5m H：145×129×55mm I：590g J：41,000円 ※10倍モデル「MONARCH 5 10×42」は43,000円, 12倍モデル「MONARCH 5 12×42」は45,000円

ケンコー Avantar 8×42 ED DH

A：8倍 B：42mm C：19mm D：5.3mm E：122.3m F：7° G：3m H：140×132×51mm I：610g J：57,000円 ※10倍モデル「Avantar 10×42 ED DH」は58,000円

バンガード ENDEAVOR ED II 8420

A：8倍 B：42mm C：19.5mm D：5.25mm E：126m F：7.2° G：2m H：154×130mm (長さ×幅)：770g J：43,000円 ※10倍モデル「ENDEAVOR ED II 1042」は45,000円

コーワ BD II 42-8XD

A：8倍 B：42mm C：17mm D：5.3mm E：143m F：8.2° G：1.8m H：139×128×52.5mm I：640g J：50,000円 ※10倍モデル「BD II 42-10XD」は52,000円

ニコン MONARCH 7 8×42

A：8倍 B：42mm C：17.1mm D：5.3mm E：140m F：8° G：2.5m H：142×130×57mm I：650g J：55,000円 ※10倍モデル「MONARCH 7 10×42」は58,000円

オリンパス 8×42 PRO

A：8倍 B：42mm C：18mm D：5.3mm E：131m F：7.5° G：1.5m H：131×140×53mm I：670g J：オープン ※10倍モデル「10×42 PRO」あり

●問い合わせ先

● オリンパス／カスタマーサポートセンター 📞0570-073-000
▶ https://www.olympus-imaging.jp/
● ケンコー／㈱ケンコー・トキナーお客様相談室 📠0120-775-818
▶ https://www.kenko-tokina.co.jp/
● コーワ／興和光学㈱ ☎03-5614-9540 ▶ http://www.kowa-prominar.ne.jp/
● ツァイス／㈱ケンコー・トキナーお客様相談室 📠0120-775-818
▶ https://www.zeiss.co.jp/
● ニコン／㈱ニコンイメージングジャパン ニコンカスタマーサポートセンター
📞0570-02-8000 ▶ https://www.nikon-image.com/products/sportoptics/binoculars/

● バンガード／㈱ガードフォースジャパン ☎03-3234-6337
▶ https://www.vanguardworld.jp/collections/binoculars
● ビクセン／㈱ビクセン カスタマーサポート ☎04-2969-0222
▶ https://www.vixen.co.jp/product/bnc101/
● フジノン／㈱ケンコー・トキナーお客様相談室 📞0120-775-818
● Bushnell（ブッシュネル）・MAVEN（メイヴェン）／㈱阪神交易📞0120-804058
▶ http://www.hanshinco.com/sougankyo.html ▶ https://maven-optics.jp/
● ペンタックス／リコーイメージング㈱お客様相談センター 📞0570-001313
▶ http://www.ricoh-imaging.co.jp/japan/products/binoculars/

双眼鏡の基礎知識

双眼鏡を選ぶとき, こだわらなければ難しい理屈は必要ないが, 用語を知らないとおすすめされている意味がわからなかったりする。まずはスペック表で使われる用語がなんとなくわかるようになっておこう。

》 倍率：双眼鏡でのぞいた目標物がどれだけ大きく見えるか, ということ。10倍の双眼鏡で100m先のものを見たときは, 肉眼で10mの位置まで近づいて見るのと同じ大きさになる。 **》 対物レンズ有効径（口径）**：対物レンズに入る光の直径のこと。この有効径が大きいほど光が入ることになるので, 明るく

双眼鏡の「選びかた」「使いかた」Q&A

解答 ● 中村忠昌

Profile なかむら・ただまさ
2020年3月末、23年間務めた環境コンサルタントを「伊達と酔狂」で退職。しばらくは「充電期間」という名の鳥見三昧を予定していたがコロナ騒ぎでいきなり出鼻をくじかれる。しばらくは地元東京湾奥の鳥見スポット等を巡る予定。

Q1 8倍か10倍がバードウォッチングにはよいといわれていますが，使い分けが必要ですか？

A 10倍ならば8倍より見える範囲が狭くなりますが，より大きく対象を見ることができます。しかし，鳥を双眼鏡の視野に入れるのも難しくなるので，街なかや林の中で小鳥を中心に観察したい場合は倍率は8倍で十分です。もし，海や干潟などのひらけた場所で使いたい場合は10倍をおすすめする場合もありますが，基本的には視野が広くて扱いやすい8倍がおすすめです。

倍率による視野イメージの違い。倍率が高いほど大きく見えるが，そのぶん見られる視野は狭くなる

Q2 値段は高いものを選んだほうがいいんですか？

A 最初の双眼鏡であれば，価格は1万円程度のものがいいと思います。最初から高級機を買う余裕があればそれでもよいですが，まずは試しやすい価格のものから始めて，長く続けられる趣味になると思ったらハイグレード機を検討してみましょう。ハイグレード機は見え味のクリアさが段違いです。レンズがあるとは思えないスッキリとした視界は感動しますよ。私も初めてスワロフスキーの双眼鏡をのぞいたときに「ぜんぜん違うじゃん！」と驚きました。最初から買うのは難しくても，ハイグレード機の見え味はぜひ一度味わってもらいたいですね。

Q3 小さい双眼鏡だとよく見えないということはありますか？

A 小さな双眼鏡でも，よいものを選べば安価で大きな双眼鏡よりもよく見えるものです。女性や子どもに限らず，男性でも登山をしながら鳥見をする場合など，小さいほうが有利なことがあります。何より，大きなカメラを持ち歩く人には最適です。長く使うものになるので，デザインや持ちやすさ，疲れにくさには妥協せず，自分の手や目で確かめて選んでみてください。

ハイグレード機の代表格，スワロフスキー「EL8×32SV WB」。価格は265,000円（税別）

接眼目当て
視度調整リング
ピント合わせリング
ボディ（鏡筒）
対物レンズ

性能表示
接眼レンズ

見える。 》》ひとみ径と明るさ：接眼レンズから少し目を離して見たとき中央の円形の明るい部分のことを指す。人間の瞳孔は3〜7mm程度で，7mmに近いほど明るい双眼鏡になる。明るさはひとみ径を2乗して算出する。数値が大きいほど明るい。 》》アイリーフ：視野の一部が黒くなり，見えなく

なる「ケラレ」が発生しないで見られる目の位置を接眼レンズから測った長さのこと。アイリーフが長い双眼鏡はのぞきやすく，目が疲れにくい。眼鏡の人は元から目と接眼レンズまで距離があるため，アイカップを縮めて調整する。 》》実視界：双眼鏡を動かさずに見ることのできる範囲を，対物レンズ

の中心から測った角度。実視界が大きいほど見える視野は広くなる。 》》眼幅調整範囲：接眼レンズを目に合わせる際に可動する調整範囲のこと。眼幅は両目の瞳孔の距離のことなので，眼幅が狭い子どもの双眼鏡を選ぶときはこもチェックポイント。

右が葛西臨海公園鳥類園（東京都）で貸し出し機として使っている小型双眼鏡。小さくて使いやすい

Q4 初心者や女性，子どもでも使いやすい双眼鏡ってどんなものですか？

A　何より小さいものがよいと思います。大きくて重たい双眼鏡だと疲れてしまいますし，持っていくのがおっくうになりがちです。そうなると，バードウォッチング自体，おっくうになってしまいかねません。　ストラップは紐ではなく幅広のものを選び，観察中は必ず首にかけておきましょう。置き忘れの防止にもなりますし，落として壊してしまうリスクが減ります。それに，なんといっても突然現れた鳥を見逃さないためにも，いつでも構えられるようにしておきましょう。

幅広のストラップのほうが肌に食い込まないため肩や首が楽になる

Q5 双眼鏡をのぞく前に何をしたらいいですか？

A　ストラップの調節，目当て（見口）の調節，目幅の調整，視度調整が必要です。

❶ストラップの調節　ストラップは双眼鏡がみぞおちの上の高さになるように調節します。移動時にみぞおちに当たるのは思いのほか苦しいので（笑）。双眼鏡が大きい場合は，斜めに肩掛けするのも負担が軽減されてオススメです。子どもが使うときには調節してあげましょう。

❷目当て（見口）の調節　目当ては回しながら引き出すタイプと，ゴムを折り込むタイプがあります。眼鏡をしている人は目当てを短くし，裸眼の人は目当てを引き出して使いましょう。また，女性はメイクで汚れてしまうからと肌から離して使うことが多いですが，双眼鏡は目にぴったり当てましょう。視野の横から余計な光が入らず見やすくなります。汚れた部分は後でメイク落としシートなどで拭けばきれいになります。

ひねって回しながらくり出すタイプの目当て。眼鏡をかけてる人は引き出す必要はない

❸目幅の調整　目幅の調整は，接眼レンズを左右の眼の幅に合わせることを指します。女性であればいちばん狭くして合う人も多いです。左右の視野が1つの円になる見え方になれば目幅の調整は完了です。

よくドラマや映画などで双眼鏡の視界をひょうたんを横にしたような形で表現するが，実際にはひょうたんのような視界だと目標がブレて見えづらいので，円形になるまで調節する

❹視度調整　双眼鏡には視度調整リングがついています。はじめに，左目だけでのぞき，目標物がはっきり見えるまでピントを調整します。次に，右目だけでのぞき，左目でピントを合わせた目標物がはっきり見えるまで視度調整リングを回して調整します。この調整は一度行えばあとはいじる必要はありません。テープで固定したり，自分用の印をつけるとよいでしょう。

さまざまなタイプの視度調節リング。見つけづらいものもあるので自分のものはどのタイプか把握しておこう

Q6 構え方の基本と鳥を上手に見る方法を教えてください。

A　体の正面で構えるようにしましょう。鳥を視野に入れるには，まず目標になる鳥を肉眼でしっかりとらえます。できればこのとき，目標になるもの（目立つ樹木やアンテナなど）も一緒に確認しておけば，「あの木の枝から右に少し」といった具合に合わせやすくなります。人に鳥の場所を教えるときも「50mくらい先の白い木から突き出ている枝，下から2/3くらいのところ」とか，具体的な数字で高さや距離を伝えてあげると伝わりやすいです。

良い例　両手で持つ　目標に向かってまっすぐ構える

悪い例　片手で持つ　体が目標に対して斜め

鳥がここにいる場合　「地面から3m」，「木の2/3くらいの高さ」など，具体的に伝える

肉眼で鳥を見つけたら，すぐに双眼鏡をのぞかずに近くの目印を確認してからのぞくと探しやすくなる

きれいでふしぎな 粘菌　森の小さな生き物紀行❶

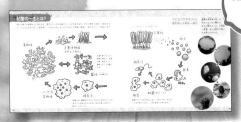

粘菌って
何？

美しい色と不思議な形──森の宝石ともいわれる粘菌の暮らし，見つけるコツ，飼い方，楽しむポイントを，写真とイラストを使ってわかりやすく解説。不思議な造形に関心を持った大人も，謎に包まれた暮らしに興味津々のお子さんも，一緒に読み進めることができる超入門書です。

新井文彦 著 ／ 川上新一 監修
200×225mm ／ 48ページ
ISBN 978-4-8299-9000-1

いつでも どこでも きのこ　森の小さな生き物紀行❷

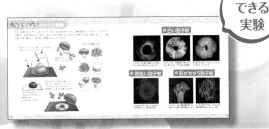

家で
できる
実験

おいしい、カラフル、かわいい……。栽培きのこを使った実験から森のきのこの暮らしまで，美しい写真とイラストで紹介する写真絵本。きのこの色や形の魅力，植物とは異なる生活史，探し方と見分けるコツ，温暖化の影響など，きのこの基本を親子で知りたい，楽しみたい方にぴったりの入門書！

保坂健太郎 文 ／ 新井文彦 写真
200×225mm ／ 48ページ
ISBN 978-4-8299-9001-8

あなたの あしもと コケの森　森の小さな生き物紀行❸

美しい
写真

4億年前から地球に暮らすコケは、道ばたのコンクリートの上で、踏みつけられながらもしぶとく、健気に生きる陸上植物。いろいろな場所で生き残ることができるコケのライフサイクル、一年の暮らし、見分け方のほか、テラリウムやストラップの作り方など、コケの魅力的な世界を紹介する児童書です。

鵜沢美穂子 文 ／ 新井文彦 写真
200×225mm ／ 48ページ
ISBN 978-4-8299-9002-5

文一総合出版　〒162-0812　東京都新宿区西五軒町2-5 川上ビル
Tel 03-3235-7341（営業）・7342（編集）　ホームページ www.bun-ichi.co.jp

「あの鳥なに？」がわかります！

野鳥手帳

イラストと写真で似ている鳥の違いがわかる

ひと月ごとのおすすめの観察場所がわかるカレンダー

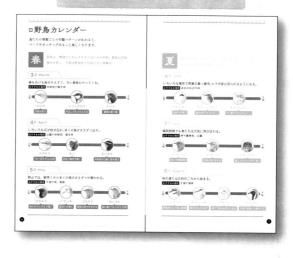

似ている鳥を見分けるための特徴はイラストで、実際の見え方や生息環境は写真でも確認できるハンディサイズの野鳥図鑑です。雌雄、成鳥・幼鳥、夏羽・冬羽など羽衣の違いもイラストで紹介。日本の野鳥242種を掲載。

どこに行けば鳥が見られるのか、環境別の解説のほか、鳥の季節ごとの行動パターン、その時期におすすめの観察場所を、1か月ごとに提案しました。野鳥カレンダーを参考に鳥見に出かければ、いつでも楽しくバードウォッチングの世界に入ることができます。

文・写真／叶内拓哉　イラスト／水谷高英
四六変型判　208ページ
定価1,540円（本体1,400円＋10％税）

文一総合出版

〒162-0812　東京都新宿区西五軒町2-5 川上ビル
Tel 03-3235-7341（営業）・7342（編集）　ホームページ www.bun-ichi.co.jp

BIRDER
バーダー

日本で唯一の野鳥雑誌「BIRDER（バーダー）」。
四季折々の野鳥グラビア、イラスト、生態、識別の仕方、観察に必要なアイテム、
鳥類生理学、探鳥地情報など、鳥を知り、環境について考えるための記事が満載です。

参考文献（24〜29ページ）

Gill, F., Donsker, D. & Rasmussen, P. (Eds). 2021. IOC World Bird List (v.11.1). (on line) https://www.worldbirdnames.org/new/（2021年3月8日閲覧）.

五百澤日丸・山形則男・吉野俊幸. 2014. ネイチャーガイド　新訂　日本の鳥550　山野の鳥. 文一総合出版, 東京.

環境省自然環境局野生生物課鳥獣保護業務室. 2009. オオルリ（*Cyanoptila cyanomelana*）キビタキ（*Ficedula narcissina*）識別マニュアル.（on line）https://www.env.go.jp/nature/choju/effort/effort3/oruri.pdf（2021年3月8日閲覧）.

Leader, P. J. & Carey, G. J. 2012. Zappey's Flycatcher *Cyanoptila cumatilis*, a forgotten Chinese breeding endemic. Forktail 28 : 121-128.

真木広造・大西敏一・五百澤日丸. 2014. 決定版　日本の野鳥650. 平凡社, 東京.

日本鳥学会. 2012. 日本鳥類目録　改訂第7版. 日本鳥学会, 三田.

茂田良光. 2003. 日本からの亜種チョウセンオオルリ *Cyanoptila cyanomelana cumatilis* の確実な初記録. 山階鳥類研報 34 : 309-313.

高木昌興. 2017. 長い尾羽をもつ雄がモテる？サンコウチョウの「極端に長い尾羽」が意味するもの. BIRDER 31（7）: 72.

山階芳麿. 1985. 復刻版　日本の鳥類と其の生態（旧北区の部）第二巻. 出版科学総合研究所, 東京

BIRDER\SPECIAL
オオルリ・キビタキ・サンコウチョウ

2021年5月10日　初版第1刷発行

編集●BIRDER編集部
　　　（杉野哲也, 中村友洋, 田口聖子, 関口優香）
デザイン●茂手木将人（studio9）
発　行　者●斉藤　博
発　行　所●株式会社 文一総合出版
〒162-0812 東京都新宿区西五軒町2-5 川上ビル
Tel:03-3235-7341（営業）, 03-3235-7342（編集）
Fax:03-3269-1402
https://www.bun-ichi.co.jp/
郵便振替●00120-5-42149
印　　刷●奥村印刷株式会社

©BIRDER 2021Printed in Japan
ISBN978-4-8299-7510-7

NDC488　B5（182×257mm）80ページ
乱丁・落丁本はお取り替えいたします。